CONTENTS

钩针日制针号换算表

日制针号	钩针直径
2 / 0	2.0mm
3 / 0	2.3mm
4 / 0	2.5mm
5 / 0	3.0mm
6 / 0	3.5mm
7 / 0	4.0mm
7.5 / 0	4.5mm

日制针号	钩针直径
8 / 0	5.0mm
10 / 0	6.0mm
0	1.75mm
2	1.50mm
4	1.25mm
6	1.00mm
8	0.90mm

森林动物

野兔一家和狐狸一家居住在茂密的森林里。今天大家带着好吃的，一起去松鼠家玩。

小鹿斑比

1

耳朵俏皮、面容可爱的斑比。
背上的花样是用针脚刺绣而成,
脚下的斑纹像鞋子一样。

钩织用线　HAMANAKA 马海毛
钩织方法　第 39 页

狐狸母子采蘑菇

3

4

2

妈妈，一起玩儿吧！

翘着柔软尾巴的小狐狸和妈妈一起在森林里采蘑菇。在小动物中加入一些蘑菇和树根后，故事的情节便展开了……

钩织用线　HAMANAKA 马海毛
钩织方法　作品 **2** 第 41 页
　　　　　作品 **3** 第 42 页
　　　　　作品 **4** 第 44 页

这个，送给你！

5

6

轻柔的马海毛小兔子。各部分都
是相同的，只是变换一下拼接方
法，表情就完全不一样。圆溜溜
的尾巴，让它们的背影看起来超
级可爱。

钩织用线　HAMANAKA 马海毛
钩织方法　第 30 页

鼯鼠和树根

眼睛浑圆的鼯鼠展开手脚飞向天空，白色的肚子看起来软绵绵的。地面上的树根让这一切都更有空间感！

钩织用线　HAMANAKA 马海毛
钩织方法　作品 **7** 第 46 页
　　　　　作品 **8** 第 52 页

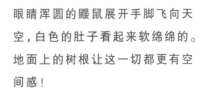

颈部系上细绳，像手机挂链一样。

┃ 鼓着脸蛋的松鼠 ┃

9

10

贪吃的松鼠把自己的嘴巴塞得满
满的, 手拿橡子的样子十分可爱。
头顶和尾巴的花纹是用针脚刺绣
而成。

钩织用线　HAMANAKA 马海毛
钩织方法　作品 9　第 54 页
　　　　　作品 10　第 53 页

哎呀，
掉下去啦……

可爱家族

狗狗、猫咪、仓鼠、乌龟……常见的可爱宠物都能制作成玩偶。将它们送给朋友做礼物，肯定会大受欢迎哦。

两只仓鼠

短小的四肢，呆萌的表情。可爱的仓鼠们正在寻找坚果。

钩织用线　HAMANAKA Piccolo
钩织方法　第 56 页

11

12

嗨，你好，
可以给我坚果吗？

雪纳瑞

我找到朋友啦！

13

白色眉毛的雪纳瑞让人感觉它总
是呆呆的，但长长的脸庞和灵活
的四肢又是一副聪明伶俐样子。

钩织方法　HAMANAKA 马海毛
钩织方法　第 58 页

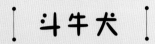

14

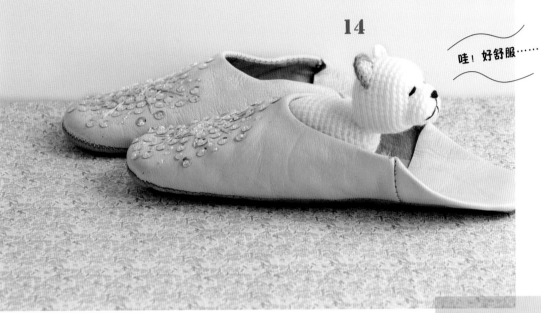

哇！好舒服……

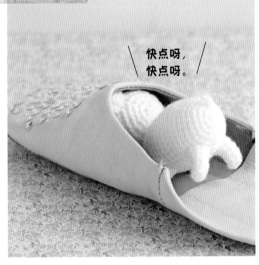

快点呀，
快点呀。

一副无所事事样子的斗牛犬最喜欢恶作剧。此刻它正忙着在拖鞋里玩耍呢。

钩织用线　HAMANAKA Piccolo
钩织方法　第60页

瞌睡猫

15

四肢和尾巴顶端都是白色的猫先生正四肢舒展地睡着呢。躺在它最爱的毛毯上，打着呼噜，进入了梦乡。

钩织用线　HAMANAKA Sonomono（粗线）
钩织方法　第49页

端坐猫

16

想和乖巧斑纹猫咪一起喝杯茶吗？举起一只手坐着的样子好似招财猫一样。单是看见它，就有好心情。

钩织用线　HAMANAKA Sonomon（粗线）
钩织方法　第49页

乌龟

17

四肢扁平的小乌龟就像真的一样可爱。可以变换不同的颜色组合方式把龟壳设计成五颜六色的模样，快来和朋友们一起钩织吧。

钩织用线　HAMANAKA Piccolo
钩织方法　第 62 页

壁虎

家里的守护神。壁虎四肢的形状
很有趣，让人忍不住会心一笑。
试着用不同的颜色钩织吧。

钩织用线　HAMANAKA Piccolo
钩织方法　第 48 页

18

一块儿去
野餐吧！

19

牧场动物

发现一颗条纹花样的糖。四个
小伙伴怎么分这一颗糖呢……
好伤脑筋啊!

奶牛

20

小犄角的奶牛拥有黑色的斑纹和蹄子。左右两侧的斑纹不同，看起来更加有趣。试着把鼻子的颜色也换换吧。

钩织用线　HAMANAKA Piccolo
钩织方法　第64页

绵羊

21

22

绵羊的躯干用圈圈线钩织而成。
除了毛茸茸的躯干外，四肢和耷
拉的耳朵也十分可爱。

钩织用线　HAMANAKA Sonomono（普通粗线）
　　　　　HAMANAKA Sonomono（圈圈线）
钩织方法　第 70 页

┃ 红色项圈的山羊 ┃

23

伸长的胡须、小小的犄角、茶色
的四肢、短短的尾巴……一切都
处于绝妙的平衡中，水汪汪的眼
睛让人印象深刻。

钩织用线　HAMANAKA Piccolo
钩织方法　第 66 页

寒冷国度的动物

严寒的冰雪国度里，大家聚在一起，熙熙攘攘，十分热闹。你听得清它们在说什么吗？

北极熊

25

24

北极熊母子是用不同粗细的线钩织而成，
但钩织纸样是相同的。但各部分的拼接
位置稍加变化就可以表现出多种神情。

钩织用线　作品 **24** HAMANAKA Exceed Wool L（普通粗线）
　　　　　 HAMANAKA Piccolo
　　　　　 作品 **25** HAMANAKA Piccolo
钩织方法　第 68 页

企鹅

立正！

憨厚的企鹅们拥有细长的嘴巴。
头部和颈部的斑纹也让它们可爱
度倍增。虽然单独一只也小巧惹
人爱，但多钩几只排列在一起会
更漂亮哦！

钩织用线　HAMANAKA 马海毛
钩织方法　作品 26、27 第 72 页
　　　　　作品 28　第 71 页

作品 26 王企鹅
作品 27 巴布亚企鹅
作品 28 王企鹅的宝宝

胡麻斑海豹

29

30

表情乖巧的海豹父子。尾鳍稍稍
向上翘起，背部浑圆，整个身体
呈现出完美的弧线。

钩织用线　HAMANAKA 马海毛
钩织方法　第 74 页

小猴母子逛动物园

趴在妈妈背上去动物园喽！有没有香蕉吃啊？

小·猴子

屁股圆圆的小猴母子。猴宝宝非
常小巧，不一会儿就可以完成，
一定要试着钩织一只哦。多钩织
几只猴宝宝也会很可爱呢。

钩织用线　HAMANAKA Piccolo
钩织方法　第 76 页

31

32

非洲动物

以动物园里超人气的非洲
动物为原型钩织而成。非
常适合做小朋友的玩具。

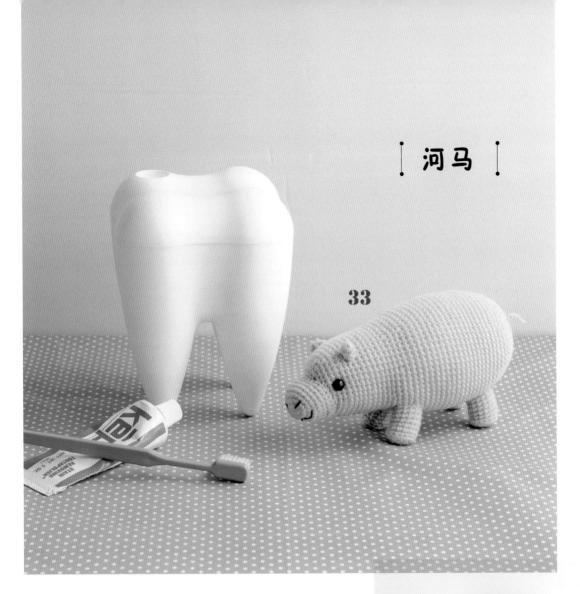

河马

33

梨形身材的淡蓝色河马。头部与
躯干连在一起，圆弧的身躯极具
设计感。和真的河马一模一样。

钩织用线　HAMANAKA Piccolo
钩织方法　第82页

大象

34

鼻子向上扬起的大象正向你蹒跚
走来。憨厚的外形给人温柔、和
气的感觉。送给小朋友做礼物是
不错的选择哦！

钩织用线　HAMANAKA Piccolo
钩织方法　第79页

长颈鹿

长颈鹿可是人气明星哦,大块的斑纹十分惹人爱。细长的腿不用铁丝支撑,只需塞入密实的填充棉后就能自己站起来。颈部需要加入蕾丝花边般的鬃毛。

钩织用线　HAMANAKA Piccolo
钩织方法　第 84 页

35

野兔和白兔

步骤
图片解说
作品

钩织用线

HAMANAKA马海毛

作品5 白色（1）8g

作品6 浅茶色（90）8g

用具

HAMANAKA AmiAmi两用钩针RakuRaku 4/0号

附属品

通用

HAMANAKA填充棉（H405-001）7g

HAMANAKA高脚纽扣（H220-606-1，6mm）2颗

25号刺绣线（黑色）

制作方法

用1股线钩织。

钩织各部分，除指定的部分以外，均塞入填充棉。头部拉紧，固定。拼接头部和躯干，然后再拼接前腿、后腿、尾巴、耳朵。前腿缝好固定。拼接眼睛，进行脸部的刺绣。

头部 1块

线从6个针脚中穿过，拉紧固定

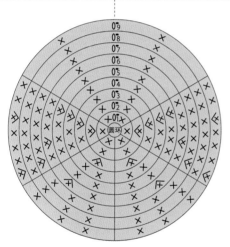

行数	针数	加减针数	
17	6	每行减6针	←塞入填充棉
16	12		
15	18	每行减3针	
14	21		
13	24	减2针	
12			
～	26	无加减针	
10			
9	26	加4针	
8	22	无加减针	
7	22	加2针	
6	20	加4针	
5	16	每行加2针	
4	14		
3	12	加4针加4针	
2	8	加2针	
1	6	圆环中钩织6针	

耳朵 2块

※无需塞入填充棉。

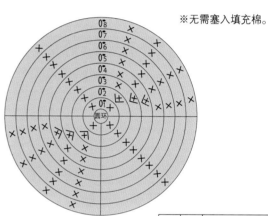

前侧

行数	针数	加减针数
10		
～	10	无加减针
5		
4	10	
3	8	无加减针
2	6	
1	4	圆环中钩织6针

后腿 2块

上侧

行数	针数	加减针数
5	8	加2针
4		
～	6	无加减针
2		
1	6	圆环中钩织6针

前腿 2块

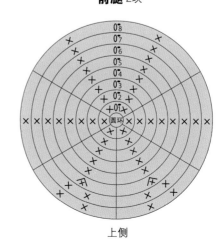

上侧

行数	针数	加减针数
8	8	无加减针
7		
6	8	加2针
5		
～	6	无加减针
2		
1	6	圆环中钩织6针

躯干 1块

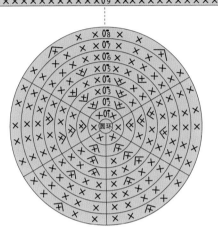

行数	针数	加减针数
21	20	无加减针
20		
19	20	每行减2针
18	22	
17	24	无加减针
16	24	减2针
15 ~ 13	26	无加减针
12	26	每行减2针
11	28	
10	30	无加减针
9	30	
8	30	减2针、加2针
7	30	无加减针
6		
5	30	每行加6针
4	24	
3	18	
2	12	
1	6	圆环中钩织6针

尾巴 1块

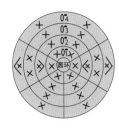

行数	针数	加减针数
4	6	减2针
3	8	无加减针
2	8	加2针
1	6	圆环中钩织6针

拼接腿部、尾巴的位置

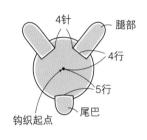

4针　腿部
4行
5行
钩织起点
尾巴

脸部的刺绣

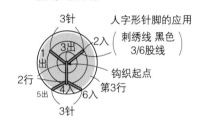

3针
2入
3出
人字形针脚的应用
刺绣线 黑色
3/6股线
钩织起点
第3行
1出
3出
2行
5出
4入　6入
3针

作品6 成品图

展平，外侧稍稍往下陷，卷针缝好
右耳＝稍微向前
左耳＝稍微向后

4针
8针
缝高脚纽扣
7行
钩织起点
8针
2行
拼接侧展平，卷针缝好
缝好收针
仅顶端塞入填充棉
卷针缝好
11.5cm

钩织起点
3行
3行
钩织终点
3行
7行

作品5 成品图

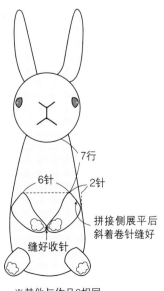

7行
6针
2针
拼接侧展平后斜着卷针缝好
缝好收针

※其他与作品6相同。

玩偶的制作方法教程

一起来钩织第6页的野兔吧！

第6页
作品6
体长11.5cm
钩织用线
HAMANAKA
马海毛

步骤
图片解说的作品
体长为18.5cm

为了便于解说，第6页作品6野兔采用了标准纱线钩织，制作方法相同。掌握了玩偶的基本钩织技法后，就可以开始挑战各式各样的作品了。

1 | 准备材料和用具

HAMANAKA Love Ponny
茶色（122）35g

HAMANAKA 填充棉
（H405-001）10g

HAMANAKA 高脚纽扣
（H220-608-1，8mm）2颗

25号刺绣线（黑色）

HAMANAKA AmiAmi 两用钩
针 RakuRaku5/0 号
（H250-510-5）

HAMANAKA 毛线缝纫针
（H250-706）

HAMANAKA 绷针
（H250-705）

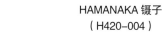

HAMANAKA 镊子
（H420-004）

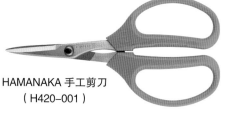

HAMANAKA 手工剪刀
（H420-001）

2 | 理解钩织图

× = 短针
⋀ = 短针2针并1针
⋁ = 在1个针脚中钩织2针短针

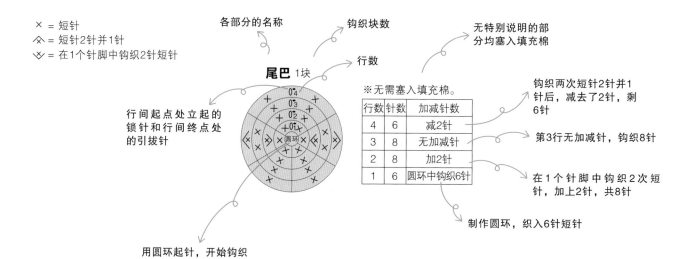

各部分的名称

钩织块数

无特别说明的部分均塞入填充棉

行数

尾巴 1块

行间起点处立起的锁针和行间终点处的引拔针

※无需塞入填充棉。

行数	针数	加减针数
4	6	减2针
3	8	无加减针
2	8	加2针
1	6	圆环中钩织6针

钩织两次短针2针并1针后，减去了2针，剩6针

第3行无加减针，钩织8针

在1个针脚中钩织2次短针，加上2针，共8针

制作圆环，织入6针短针

用圆环起针，开始钩织

32

3 钩织各部分（例如头部）

编织线在食指上缠2圈。

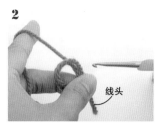

线头

缠好的线头从手指中取出，用大拇指和中指捏紧。

圆环起针～第1行（短针）

参照第30、第31页的钩织图进行钩织。本书中除特别说明外，均是用1股线进行钩织。行间起点处织入立起的锁针，然后每隔1行进行引拔钩织。

钩针插入圆环中，引拔抽出线。

拉紧线后如图。

再次挂线，抽出后钩织1针锁针。

钩织完立起的锁针。

钩织短针。钩针插入圆环中，引拔抽出线。

针上挂线，从2个线圈中引拔抽出线。

钩织完1针短针后如图。

按照同样的方法钩织剩余的短针，将挂在针上的线圈拉大，取出针。

缩紧圆环

在此处缩紧钩织起点的圆环。先不用拉线，一点点慢慢确认好后再开始拉线，缩紧圆环。

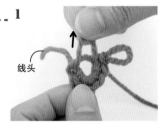

线头

稍稍拉动线头，缩紧有松动的线圈。

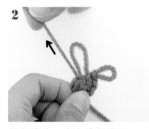

拉紧线头，完全缩紧线圈。

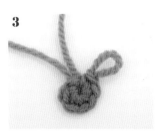

缩紧后如图。

行间的钩织终点

行间的钩织终点处钩织引拔针。行间的钩织终点处都按此方法移动到下一行。

线圈移回到钩针上，再在行间的钩织终点处织入引拔针。钩针插入第1行第1针的头针中（★）。

针上挂线，引拔钩织。

第1行钩织完成。第2行以后，行间最后也是在同一行的第1针短针中织入引拔针。

加针

从第 2 行开始，用在 1 针中织入 2 针的方法进行加针。

1

钩织 1 针立起的锁针。

2

钩针插入 ☆ 针脚的头针（第 1 行的第 1 针）中，织入短针。

3

钩织完第 2 行的第 1 针后如图。

4

织入必要的针数至加针位置。钩织第 1 针增加的短针。

5

钩针插入同一针脚的头针中，织入短针。

6

在1个针脚中织入2针短针。

7

按照同样的方法钩织相应的加针。按照箭头所示引拔钩织，完成第 2 行。

减针

从第 13 行开始用短针 2 针并 1 针进行减针。

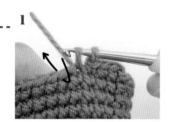

1

钩织短针至减针位置前，钩针插入减针的第 1 针头针中，引拔抽出线，呈未完成的短针的状态。

2

钩针插入第 2 针的头针中，引拔抽出线后再在针上挂线，一次性引拔穿过 3 个线圈。

3

短针 2 针并 1 针完成。

钩织终点
（拉紧收针时）

钩织至最后再塞入填充棉比较困难，所以钩织至最终行的前 1 行时就塞入填充棉。

1

用镊子塞入填充棉，一点点从外侧推向中心，分几次从底面塞满至开口的位置，注意填充棉要塞得均匀、密实。

2

钩织最终行。钩织 1 针锁针，将挂在针上的线圈稍稍拉大。

3

留出 30cm 左右的线用于收紧固定。拉大线圈，引拔抽出线头。

收紧固定与线头的处理

虽然是在头部的后侧收紧固定，但仍是看得见的位置，还需处理得工整漂亮一些。

1

用缝纫针将短针头针的内侧 1 根线挑起，再从内向外插入第 1 针中。

2

然后从外向内挑起下面的针脚。

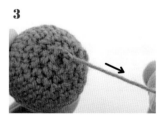

3

重复步骤 2、3，完成一周的操作后拉紧。

4

从中心插入缝纫针，从稍远一点的位置穿出针。务必要从填充棉中穿过。

5

打结固定。

6

从固定结的下面插入缝纫针，从稍远一点的位置穿出针，剪断线。

7

头部完成。

钩织终点
（无需收紧固定）
除头部以外均采用此方法。

1

最终行也按之前的方法在第 1 个针脚中引拔钩织，最后再织入 1 针锁针。

2

留出用于卷针缝合的线头（缝合部分的尺寸 ×2+20cm 左右），拉伸线头，引拔抽出线头。

3
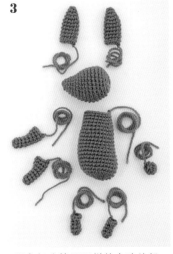
所有部分按照同样的方法钩织。尾巴和耳朵以外塞入填充棉。前腿仅顶端部分塞入填充棉。完成后再进入拼接阶段。

4 拼接完成

拼接头部与躯干
先用卷针缝合的方法拼接头部和躯干。

1

头部与躯干用绷针暂时固定。

2

之前躯干部分留下的线头穿入缝纫针中，再将针插入躯干的针脚中。

3

用针挑起头部。如此一针一针重复。

4

一周完成后，最后挑起躯干的针脚，拉紧线，但要注意避免缠在一起。

5

与头部的线头一样，从稍微远一点的位置穿出缝纫针，打固定结。

6
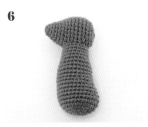
头部与躯干拼接完成后如图。

拼接四肢、尾巴 ------- 1

后腿和尾巴与头部和躯干一样，用卷针缝合的方法拼接。前腿则是将拼接侧展平，再用卷针缝合。

绷针插入后腿的指定位置，暂时固定，再用卷针缝好。

前腿展平，暂时固定，用缝纫针将躯干挑起。

展平后，将前腿外侧和内侧的织片一起挑起。

4

重复步骤2、3，缝至顶端后，处理好线头。前腿与后腿拼接完成。

5

尾巴也按照后腿的方法拼接。

拼接耳朵 ------ 1

拼接侧展平，中央呈凹陷状，用卷针缝合。耳朵与前腿不一样，四周均需缝好。

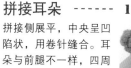

制作凹陷部分。捏紧中央，插入缝纫针。

2

再次插入缝纫针，缝好固定。

3

凹陷部分用卷针缝合。然后用绷针暂时固定，挑起头部。

4

挑起耳朵。仅将耳朵凹陷侧的织片挑起即可。

5

后侧用卷针缝合。

6

缝至顶端，处理好线头。耳朵拼接完成。

拼接前腿 ----------- 1

留出50cm左右的线，穿入缝纫针中。

从左前腿的外侧向内侧插入缝纫针。

2

留出15cm左右的线头。

3

将右前腿的内侧挑起。

4

再将左前腿的内侧挑起。

5

接着将右前腿的内侧挑起，拉紧线。

6

钩针插入左前腿的内侧，从步骤1插入缝纫针的位置穿出线。

7

起点和终点处的线头缠2圈，打结。

8

2根线头穿入缝纫针中，从稍远的位置穿出线，剪断。

9

左右前腿拼接完成。

拼接眼睛 - - - - - - - - - - - **1**

用力拉紧线，使高脚纽扣的底部深埋在针脚中，这是关键。眼睛的拼接方法直接影响到表情的变化，要用心斟酌哦。

选好眼睛的位置。插入绷针，确认拼接眼睛的位置。

2

将50cm左右的缝纫线穿入缝纫针中，从左侧眼睛的位置插入针，再从右侧眼睛的位置穿出。

3

从高脚纽扣中穿入线，再将针插入右侧眼睛的同一位置。

4

从左侧眼睛的位置穿出针，再穿过高脚纽扣。

5

取出针，打一次结。拉紧线，遮住高脚纽扣的底部，然后再打一次结。

6

2根线头穿入缝纫针中，从高脚纽扣的下方插入针，再从稍远一些的位置穿出针，剪断线。

7

眼睛拼接完成。

进行刺绣 - - - - - - - - - - - **1**

人字形针脚的应用。作品相对较大，所以我们采用25号刺绣线的6/6股线进行刺绣。"（ ）"内的数字为刺绣位置顺序。请参照第31页。

刺绣线穿入缝纫针中，打固定结，然后从头部刺绣位置（1）穿出线。

2

再将缝纫针插入同一行（2）中，接着从钩织起点（3）穿出针。

3

拉紧线，整理刺绣针脚。

4

从下2行的位置（4）插入针，再从指定位置（5）穿出针。

5

从纵向穿引的线下方穿过。

6

缝纫针插入同一行中（6），再从稍远的位置穿出线，处理好线头。

7

刺绣完成，整件作品也制作好了！

基础技法

反面渡线嵌入花样

在行间中途用配色线钩织嵌入花样的技法。为了不影响正面效果，采用在反面渡线的方法，这个是重点。
浅茶色 = 原线，焦茶色 = 配色线。

1

用原线钩织最后的短针时，换上配色线，引拔穿过2个线圈。

2

引拔抽出线后如图。用配色线钩织嵌入花样第1针的短针。

3

嵌入花样第1针短针钩织完成后如图，再织入必要的针数。最后1针呈未完成的状态。

4

换上原线。钩织配色线最后的短针时，用反面穿引的原线引拔穿过的2个线圈。

5

用配色线钩织完1行后如图。

6

接着再用原线钩织剩余的针脚。

7

钩织第2行的嵌入花样。用原线钩织最后的短针时，换上配色线，引拔穿过2个线圈。之前暂时停下的配色线在反面穿引横渡。

8

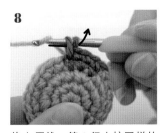

换上原线。第2行也按同样的方法，在钩织配色线最后的短针时，换上原线，引拔穿过2个线圈。

9

用原线钩织第2行必要的针数。再用同样的方法织入必要行数的嵌入花样。

10

嵌入花样钩织完成后如图

反面

原线与配色线穿引横渡。

嵌入花样线头的处理

为了不影响正面的效果，在颜色相同的位置处理线头。

1

嵌入花样钩织完成后看着反面处理线头。

2

配色线穿入缝纫针中，挑起反面的针脚，注意不要影响到正面效果。

3

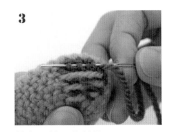

挑起几针，剪断线。

小鹿斑比

钩织用线

HAMANAKA马海毛

红茶色（14）15g，白色（1）2g，焦茶色（52）1g

用具

HAMANAKA AmiAmi两用钩针RakuRaku 4/0号

附属品

HAMANAKA填充棉（H405-001）16g

HAMANAKA高脚纽扣（H220-606-1，6mm）2颗

25号刺绣线（黑色）

制作方法

用1股线钩织。

钩织各部分，除指定的部分以外均塞入填充棉。拼接头部与颈部，颈部塞入填充棉。接着再拼接躯干，拼接耳朵、尾巴、四肢，然后在躯干上进行刺绣。最后拼接眼睛，在脸部进行刺绣。

头部 1块 红茶色

线从6个针脚中穿过，收紧固定

行数	针数	加减针数
20	6	每行减6针
19	12	
18	18	每行减3针
17	21	
16	24	减2针
15 ～ 13	26	无加减针
12	26	每行加2针
11	24	
10	22	加4针
9	18	无加减针
8	18	加2针
7	7	无加减针
6	6	加2针
5 4	14	无加减针
3	14	加2针
2	12	加6针
1	6	在圆环中钩织6针

塞入填充棉

颈部 1块
红茶色

躯体侧

17针

※ 钩织起点、钩织终点留出30cm左右的线。

行数	针数	加减针数
9 8	20	无加减针
7	20	加1针
6	19	无加减针
5	19	加2针
4 ～ 2	17	无加减针
1	17	17针锁针

耳朵 2块

第1行

外耳 红茶色 2块

内耳 白色 2块

◁ = 钩织起点（留出20cm的红茶色线头）

第2行

拼接侧

第1行= 红茶色、白色各钩织2块

第2行= 各种颜色各1块，正面朝外相对合拢重叠，两块一起挑起后用红茶色钩织（看着红茶色一侧钩织）

※无需塞入填充棉。

尾巴 1块

※ 无需塞入填充棉。

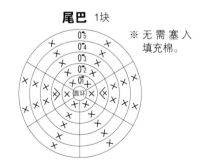

行数	配色	针数	加减针数
5	红茶色	8	无加减针
4			
3			
2	白色	8	加2针
1		6	圆环中钩织6针

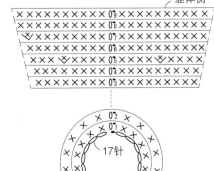

躯干 1块 红茶色

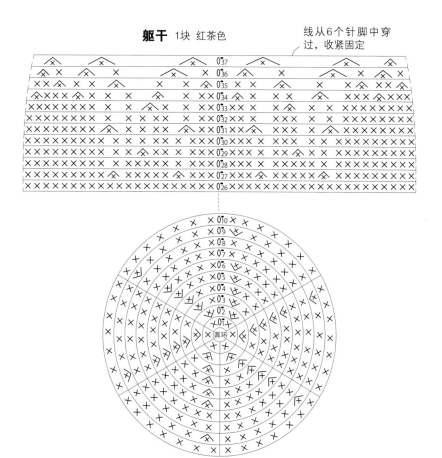

线从6个针脚中穿过，收紧固定

行数	针数	加减针数	
37	6		塞入填充棉
36	12	每行减6针	
35	18		
34	24		
33	30	减2针	
32	32	无加减针	
31	32	减4针	
30	36	无加减针	
29	36	减2针	
28	38	无加减针	
27	38	减4针	
26 ~ 10	42	无加减针	
9	42	加6针	
8	36	无加减针	
7	36		
6	36		
5	30	每行加6针	
4	24		
3	18		
2	12		
1	6	圆环中钩织6针	

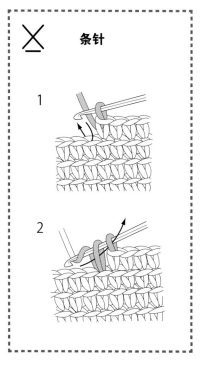

条针

1

2

✕ = 条针

四肢 4块

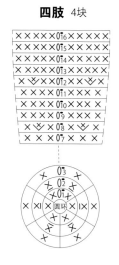

行数	配色	针数	加减针数
16 ~ 13	红色线	10	无加减针
12		10	加2针
11 ~ 9		8	无加减针
8	白色	8	加2针
7 ~ 4		6	无加减针
3	焦茶色		
2			
1		6	在圆环中钩织6针

拼接眼睛、耳朵的位置

★=第10行织入8针

4针

耳朵

眼睛

15行

10行

钩织起点

脸部的刺绣

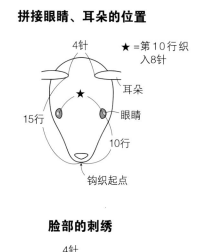

4针

第2行

第5行

2行

6针

人字形针迹
刺绣线
黑色6/6股线

开始钩织

缎纹针迹
刺绣线
黑色6/6股线

狐狸母子采蘑菇（蘑菇）

钩织用线

HAMANAKA马海毛

红色（35）1g，浅黄色（11）1g

用具

HAMANAKA AmiAmi两用钩针RakuRaku 4/0号

制作方法

用1股线钩织。

先钩织蘑菇伞、蘑菇柄，之后再收紧固定蘑菇伞。蘑菇柄拼接到蘑菇伞上，然后再沿用剩余的线在蘑菇伞上进行刺绣。

蘑菇伞 1块　　⊠ = 红色　　☒ = 浅黄色

线从6个针脚中穿过，收紧固定

⊤ = 条针（长针）

※无需塞入填充棉。

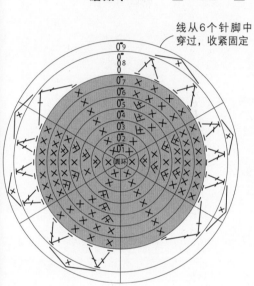

行数	针数	加减针数
9	6	减6针
8	12	减12针
7	24	无加减针
6		
5	24	每行加6针
4	18	
3	12	加4针
2	8	加2针
1	6	圆环中钩织6针

蘑菇柄 浅黄色 1块

※ 无需塞入填充棉。
钩织终点留出30cm的线头。

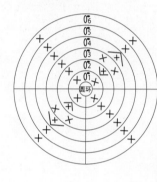

行数	针数	加减针数
6	4	无加减针
5		
4	4	减2针
3	6	无加减针
2	6	每行加2针
1	4	圆环中钩织4针

成品图

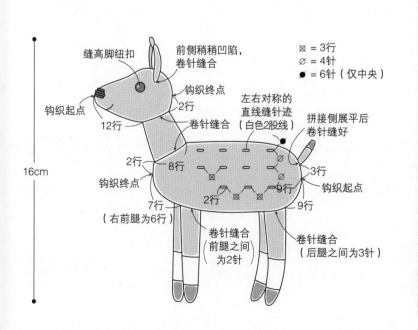

缝高脚纽扣

前侧稍稍凹陷，卷针缝合

⊠ = 3行
∅ = 4针
● = 6针（仅中央）

钩织起点

钩织终点

2行

左右对称的直线缝针迹（白色2股线）

拼接侧展平后卷针缝好

12行

卷针缝合

2行　8行

钩织终点

3行

钩织起点

7行（右前腿为6行）

2行　9行

9行

卷针缝合（前腿之间为2针）

卷针缝合（后腿之间为3针）

16cm

蘑菇伞的刺绣

注意整体平衡，在第4、第5行的5个位置刺绣出法式结粒绣针迹

钩织起点

成品图

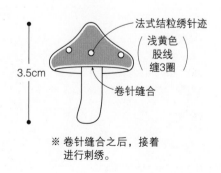

法式结粒绣针迹

（浅黄色股线缠3圈）

卷针缝合

3.5cm

※ 卷针缝合之后，接着进行刺绣。

狐狸母子采蘑菇（狐狸母子）

钩织用线

HAMANAKA马海毛

金褐色（31）10g，白色（1）2g

用具

HAMANAKA AmiAmi两用钩针RakuRaku4/0号

附属品

HAMANAKA填充棉（H405-001）9g

HAMANAKA高脚纽扣（H220-606-1，6mm）2颗

25号刺绣线（黑色）

制作方法

用1股线钩织。

钩织各部分，除指定的部分以外均塞入填充棉。头部收紧，固定。拼接头部和躯干，接着拼接前腿、后腿、尾巴、耳朵，然后拼接眼睛，最后进行脸部的刺绣。

躯干 1块　Ⅹ = 金褐色　Ⅹ = 白色

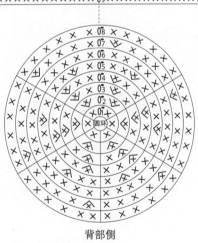

背部侧

行数	针数	加减针数
26	16	加2针、减2针
25	16	无加减针
24	16	减4针
23	20	加2针、减4针
22	22	加2针、减2针
21	22	减4针
20	26	加2针、减4针
19	28	加2针、减2针
18	28	加2针、减2针
17	28	无加减针
16	28	减2针
15	30	无加减针
14		
13	30	减2针
12	32	无加减针
11		
10	32	减4针
9	36	无加减针
8		
7	36	加6针
6	30	无加减针
5	30	
4	24	每行加6针
3	18	
2	12	
1	6	圆环中织入6针

后腿 2块 金褐色

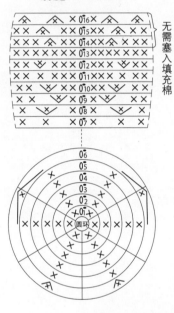

无需塞入填充棉

行数	针数	加减针数
16	6	减4针
15	10	每行减2针
14	12	
13	14	无加减针
12	14	加2针
11	12	无加减针
10	12	
9	10	每行加2针
8	8	
7	6	无加减针
6	6	加2针、减2针
5		
⟨	6	无加减针
2		
1	6	圆环中织入6针

耳朵 2块

第1行

外耳 2块 金褐色

内耳 2块 白色

1→

※ 无需塞入填充棉。

※留出20cm左右的红茶色线。

第2行

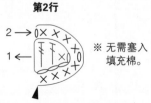

2→

1→

※ 无需塞入填充棉。

◁ = 钩织起点

◀ = 钩织终点

第1行= 金褐色、白色各钩织2块

第2行= 各种颜色各1块，正面朝外相对合拢重叠，两块一起挑起，再用金褐色钩织（看着白色一侧钩织）

＊ 前腿的钩织方法图见第44页。

头部 1块 　　⊠ = 金褐色　⊠ = 白色

线从7个针脚中穿过，收紧固定

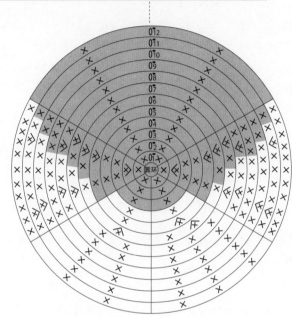

行数	针数	加减针数
18	7	每行减7针
17	14	
16	21	减3针
15	24	减5针
14 〜 12	29	无加减针
11	29	加4针
10	25	加2针
9	23	无加减针
8	23	
7	19	每行加4针
6	15	
5	11	加3针
4	8	无加减针
3		
2	8	加2针
1	6	圆环中钩织6针

← 塞入填充棉

拼接后腿的位置

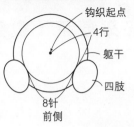

拼接尾巴的位置

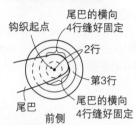

拼接眼睛、耳朵的位置

★=第8行织入8针

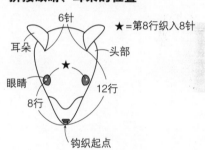

脸部刺绣

缎纹刺绣　刺绣线　黑色3/6股线

仰视图

人字形针迹　刺绣线（黑色 3/6股线）

尾巴 1块 金褐色

行数	针数	加减针数
21	7	减2针
20	9	加1针、减2针
19	10	加1针、减2针
18	11	加1针、减2针
17	12	减4针
16	16	加2针、减2针
15	16	加2针、减2针
14	16	减2针
13	18	无加减针
12	18	加2针、减2针
11	18	无加减针
10	18	加3针
9	15	无加减针
8	15	加3针
7	12	无加减针
6	12	加4针
5	8	无加减针
4	8	每行加2针
3	6	
2	4	无加减针
1	4	圆环中织入4针

成品图

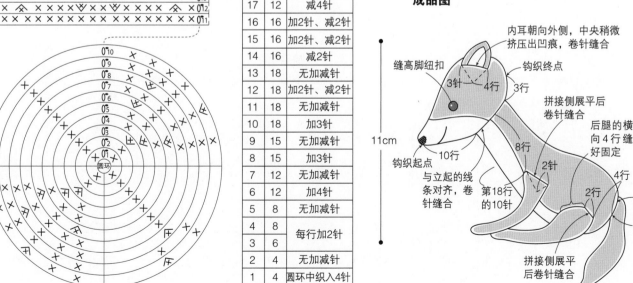

11cm

狐狸母子采蘑菇（小狐狸）

钩织用线

HAMANAKA马海毛

金褐色（31）6g，白色（1）1g

用具

HAMANAKA AmiAmi两用钩针RakuRaku4/0号

附属品

HAMANAKA填充棉（H405-001）2g

HAMANAKA固态眼（H221-345-1，4.5mm）2颗

25号刺绣线（黑色）

制作方法

用1股线钩织。

钩织各部分，除指定部分以外均塞入填充棉。头部与躯干收紧固定后拼接好。接着再拼接前腿、后腿、尾巴、耳朵。最后拼接眼睛，进行脸部刺绣。

※躯干的钩织终点处留出线头，用于拼接头部和躯干。

头部 1块　⊠ = 金褐色　⊠ = 白色

线从6个针脚中穿过，拉紧

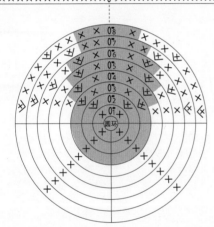

行数	针数	加减针数	
15	6	每行减6针	塞入填充棉
14	12	每行减6针	塞入填充棉
13	18	每行减6针	塞入填充棉
12 ~ 9	24	无加减针	塞入填充棉
8	24	每行加4针	塞入填充棉
7	20	每行加4针	塞入填充棉
6	16	每行加4针	塞入填充棉
5	12	每行加2针	塞入填充棉
4	10	每行加2针	塞入填充棉
3	8	每行加2针	塞入填充棉
2	6	每行加2针	塞入填充棉
1	4	圆环中钩织4针	塞入填充棉

尾巴 1块 金褐色

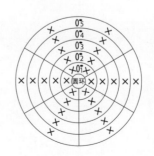

行数	针数	加减针数	
12	6	无加减针	无需塞入填充棉
11	6	每行减2针	无需塞入填充棉
10	8	每行减2针	无需塞入填充棉
9	10	无加减针	无需塞入填充棉
8	10	加2针、减2针	无需塞入填充棉
7	10	无加减针	无需塞入填充棉
6	10	无加减针	无需塞入填充棉
5	10	每行加2针	无需塞入填充棉
4	8	每行加2针	无需塞入填充棉
3	8	每行加2针	无需塞入填充棉
2	4	无加减针	无需塞入填充棉
1	4	圆环中钩织4针	无需塞入填充棉

✱ 接第42页作品3。

前腿 2块 金褐色

无需塞入填充棉

行数	针数	加减针数
11	12	每行加2针
10	10	每行加2针
9	8	每行加2针
8 ~ 5	6	无加减针
4	6	加2针、减2针
3	6	无加减针
2	6	无加减针
1	6	圆环中钩织6针

前腿 2块 金褐色
后腿 2块 金褐色

※ 无需塞入填充棉。
前腿钩织5行，后腿钩织4行。

行数	针数	加减针数	
5	6	无加减针	后腿
4 ~ 2	6	无加减针	后腿
1	6	圆环中钩织6针	

躯干 1块　　☒ = 金褐色　　☒ = 白色

线从9个针脚中穿过，拉紧固定
（留出25cm的线头）

行数	针数	加减针数
17	9	减3针
16	12	减4针
15	16	减2针
14	18	无加减针
13	18	加2针、减2针
12	18	减2针
11	20	无加减针
10	20	减2针
9	22	无加减针
8		
7	22	减2针
6	24	无加减针
5	24	加6针
4	18	无加减针
3	18	每行加6针
2	12	
1	6	圆环中钩织6针

耳朵 2块

第1行

外耳 2块 金褐色

内耳 2块 白色

※ 留出20cm左右的红茶色线。

◁ = 钩织起点
◀ = 钩织终点

第2行

✑ = ✕°✕

※ 无需塞入填充棉。

第1行= 金褐色、白色各钩织2块

第2行= 各种颜色各钩织1块，正
面朝外相对重叠，两块一
起挑起后用金褐色线钩织
（看着白色侧钩织）

拼接尾巴的位置

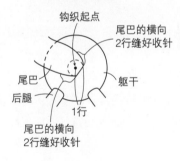

钩织起点
尾巴的横向
2行缝好收针
尾巴
后腿
躯干
1行
尾巴的横向
2行缝好收针

**拼接眼睛、耳朵的位置
脸部的刺绣**

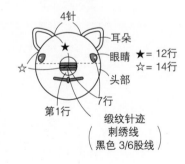

4针
耳朵
眼睛　★ = 12行
☆ = 14行
头部
7行
第1行
缎纹针迹
刺绣线
黑色 3/6股线

仰视图

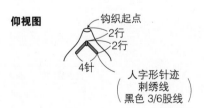

钩织起点
2行
2行
4针
人字形针迹
刺绣线
黑色 3/6股线

成品图

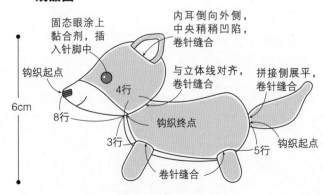

固态眼涂上
黏合剂，插
入针脚中
钩织起点
6cm
8行
3行
卷针缝合
内耳倒向外侧，
中央稍稍凹陷，
卷针缝合
4行
与立体线对齐，
卷针缝合
拼接侧展平，
卷针缝合
钩织终点
钩织起点
5行

※前腿与后腿间为3针。

鼹鼠和树根（树根）

钩织用线

HAMANAKA马海毛

深棕色（91）10g，金褐色（31）1g

用具

HAMANAKA AmiAmi两用钩针RakuRaku 4/0号

附属品

HAMANAKA填充棉（H405-001）3g

制作方法

用1股线钩织。

钩织主体，塞入填充棉，收紧固定。钩织大、中、小树根，塞入少量的填充棉，再拼接主体。

主体 1块

✕ = 条针

1、2、4、6行= 金褐色

其他行= 深棕色

线从6个针脚中穿过，收紧固定

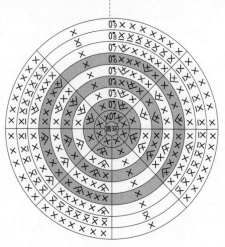

行数	针数	加减针数
24	6	每行加6针
23	12	
22	18	
21	24	每行减8针
20	32	
19	40	减5针
18	45	减3针
17	48	无加减针
16		
15	48	加3针
14	45	无加减针
13		
12	45	加3针
11	42	无加减针
≀		
8		
7	42	每行加6针
6	36	
5	30	
4	24	
3	18	
2	12	加4针
1	8	圆环中钩织8针

塞入填充棉

大树根 2块 深棕色

行数	针数	加减针数
7	17	每行加2针
6	15	
5	13	加3针
4	10	加2针
3	8	无加减针
2	8	加2针
1	6	圆环中钩织6针

中树根 2块 深棕色

行数	针数	加减针数
6	13	加3针
5	10	加2针
4	8	无加减针
3		
2	8	加2针
1	6	圆环中钩织6针

＊接第48页的作品18、19。

小树根 3块 深棕色

行数	针数	加减针数
4	10	每行加2针
3	8	
2	6	无加减针
1	6	圆环中钩织6针

躯干、尾巴 1块

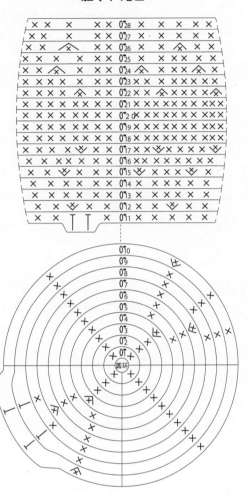

行数	针数	加减针数
28	10	无加减针
27	10	
26	10	减2针
25	12	无加减针
24	12	减3针
23	15	无加减针
22	15	减3针
21 ～ 18	18	无加减针
17	18	加3针
16	15	无加减针
15	15	加3针
14	12	无加减针
13	12	
12	12	加2针
11	10	无加减针
10	10	加2针
9	8	无加减针
8	8	
7	8	加2针
6	6	无加减针
5	6	
4	6	加2针
3	4	无加减针
2	4	
1	4	圆环中钩织4针

塞入填充棉

拼接树根的位置
仰视图

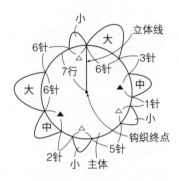

※针数为48针（第15～17行）。
▲ = 5针
△ = 3针

成品图

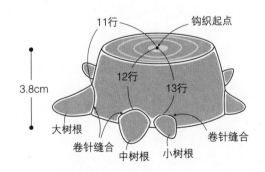

3.8cm

※根部塞入少许填充棉。

替换线的方法

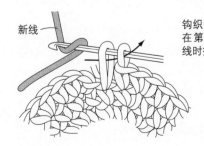

新线

钩织最后的短针，
在第2次引拔抽出
线时换上新线。

壁虎

钩织用线

HAMANAKA Piccolo

作品**18** 芥末色（27）10g

作品**19** 黄绿色（9）10g

用具

HAMANAKA AmiAmi两用钩针RakuRaku4/0号

附属品

通用

HAMANAKA填充棉（H405-001）5g

HAMANAKA高脚纽扣（H220-608-1，8mm）2颗

25号刺绣线（黑色）

制作方法

用1股线钩织。

钩织各部分，除指定部分以外均塞入填充棉。头部的钩织终点处卷针缝合。躯干、尾巴在钩织中途塞入填充棉。在四肢钩织拼接脚尖。然后拼接头部、躯干、尾巴，再拼接四肢。最后拼接眼睛，进行嘴巴的刺绣。

头部 1块

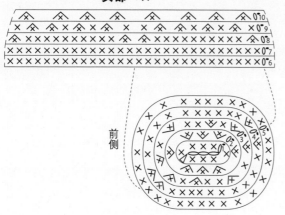

◁＝钩织起点

行数	针数	加减针数
10	8	每行减8针
9	16	
8	24	减4针
7 ～ 5	28	无加减针
4	28	加4针
3	24	每行加8针
2	16	
1	8	3针锁针中钩织8针

塞入填充棉

头部的刺绣

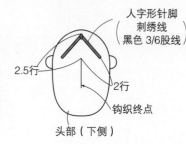

人字形针脚
刺绣线
黑色 3/6股线

2.5行

2行

钩织终点

头部（下侧）

成品图

完成头部

塞入填充棉，钩织终点用卷针缝合

头部（下侧）

12针

高脚纽扣缝到第6行与第7行之间

钩织起点

4行

4行

2行

8行

14cm

卷针缝合

12行

钩织起点

四肢 4块

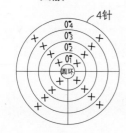

4针

※无需塞入填充棉。

行数	针数	加减针数
4 ～ 2	4	无加减针
1	4	圆环中钩织4针

脚尖 4块

◁＝钩织起点

◀＝钩织终点

钩织终点的线从腿部中央穿过，与钩织起点的线打结后再处理好线头

腿部 第1行

＊躯干、尾巴的钩织方法图见第47页。

4行 躯干

瞌睡猫、端坐猫

钩织用线

HAMANAKA Sonomono《粗线》

作品**15** 浅茶色（2）20g，本白色（1）5g

作品**16** 本白色（1）20g，浅茶色（2）5g

用具

HAMANAKA AmiAmi两用钩针RakuRaku4/0号

附属品

通用

HAMANAKA填充棉（H405-001）7g

25号刺绣线（黑色）

作品**16**

HAMANAKA高脚纽扣（H220-608-1，8mm）2颗

制作方法

用1股线钩织。

钩织各部分，除指定以外的部分均需塞入填充棉。头部收紧固定。

拼接头部与躯干。拼接前腿、后腿、耳朵、尾巴。作品16中拼接眼睛，

再进行脸部的刺绣。

通用 尾巴 1块

15 ⊠ = 本白色　⊠ = 浅茶色

16 ⊠ = 本白色　⊠ = 浅茶色

行数	针数	加减针数
17	5	减2针
16	7	加2针
15	5	减2针
14	7	加2针
13	5	减2针
12	7	加2针
11	5	减2针
10	7	加2针
9	5	减2针
8	7	加2针
7	5	减2针
6	7	加2针
5	5	减2针
4	7	加2针
3	5	无加减针
2	5	
1	5	圆环中钩织5针

◁ = 钩织起点

◀ = 钩织终点

※无需塞入填充棉。

通用 耳朵 2块

第1行

外耳 2块 浅茶色

内耳 2块 本白色

第2行

※浅茶色线留出20cm左右。

第1行= 本白色、浅茶色各钩织2块

第2行= 各种颜色各钩织1块，正面朝外相
对重叠，两块一起挑起再用浅茶
色钩织（看着本白色侧钩织）

通用 后腿 2块

15 ⊠ = 本白色　⊠ = 浅茶色

16 本白色

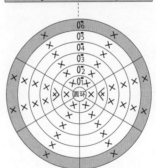

行数	针数	加减针数	
18	10		
17	12	减2针	作品**15**塞入少量的填充棉
16	14		
15	16	无加减针	
14			
13	16	加4针	
12	12	无加减针	
11	12	加2针	
10〜8	10	无加减针	
7	10	加2针	
6〜3	8	无加减针	
2	8	加2针	
1	6	圆环中钩织6针	

15 左前腿 2块　　**15 右前腿** 1块

⊠ = 本白色 ⊠ = 浅茶色　⊠ = 本白色 ⊠ = 浅茶色

16 右前腿 1块　　**16 左前腿** 1块

1~7行= 浅茶色　　本白色

8~14行=本白色

※ 除第7行以外均与
右图相同。

行数	针数	加减针数	
14	10	无加减针	作品**15** 作品**16**
13			
12	10	加2针	
11〜9	8	无加减针	15塞入少量填充棉
8	8	加2针	
7	6	减2针	16无需塞入填充棉
6	8	加2针	
5〜2	6	无加减针	
1	6	圆环中钩织6针	

通用 头部 1块　**15** 浅茶色
16 ☒ = 本白色　☒ = 浅茶色

线穿入6个针脚中，收紧固定

● = 拼接眼睛的位置
（作品16）

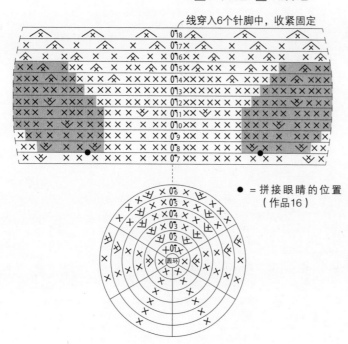

行数	针数	加减针数
18	6	
17	12	每行减6针
16	18	
15	24	
14	30	减4针
13	34	无加减针
12	34	
11	32	每行加2针
10	30	
9	28	无加减针
8	28	加4针
7	24	加2针
6	22	每行加4针
5	18	
4	14	每行加2针
3	12	
2	10	加4针
1	6	圆环中钩织6针

通用 躯干 1块　**15** 浅茶色
16 ☒ = 本白色　☒ = 浅茶色

行数	针数	加减针数
24	20	无加减针
23	20	
22	22	每行减2针
21	24	
20	26	无加减针
19	26	减2针
18	28	无加减针
17		
16	28	减2针
15	30	无加减针
14	30	减2针
13	32	无加减针
12	32	减4针
11 ~ 8	36	无加减针
7	36	加6针
6	30	无加减针
5	30	
4	24	每行加6针
3	18	
2	12	
1	6	圆环中钩织6针

15 拼接耳朵的位置
脸部的刺绣

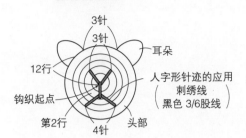

3针
3针
耳朵
12行
人字形针迹的应用
刺绣线
（黑色 3/6股线）
钩织起点
第2行
4针
头部

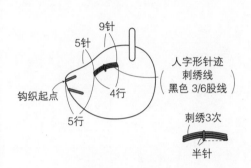

9针
5针
人字形针迹
刺绣线
黑色 3/6股线
钩织起点
4行
5行
刺绣3次
半针

15 成品图

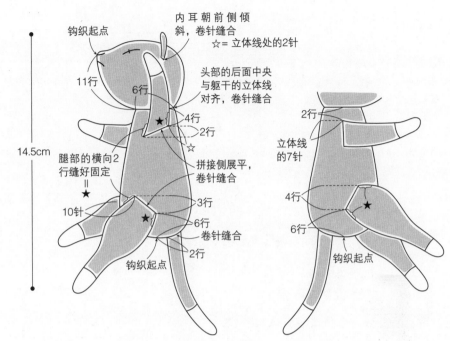

内耳朝前侧倾斜，
卷针缝合
钩织起点
☆= 立体线处的2针
11行
头部的后面中央
与躯干的立体线
对齐，卷针缝合
6行
★
4行
2行
☆
腿部的横向2
行缝好固定
=
★
拼接侧展平，
卷针缝合
14.5cm
10针
3行
6行
卷针缝合
2行
钩织起点

2行
立体线
的7针
4行
6行
★
钩织起点

16 拼接耳朵的位置
脸部的刺绣

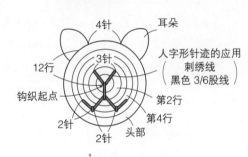

4针
耳朵
3针
12行
人字形针迹的应用
刺绣线
（黑色 3/6股线）
钩织起点
第2行
2针
第4行
2行
2针
头部

人字形针迹的应用

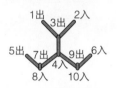

1出 2入
3出
5出 7出 9出 6入
4入
8入 10入

16 拼接尾巴的位置

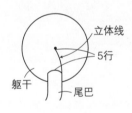

立体线
5行
躯干
尾巴

16 成品图

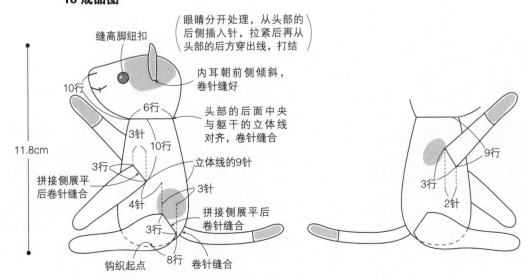

缝高脚纽扣
眼睛分开处理，从头部的
后侧插入针，拉紧后再从
头部的后方穿出线，打结
10行
内耳朝前侧倾斜，
卷针缝好
6行
头部的后面中央
与躯干的立体线
对齐，卷针缝合
3针
10行
11.8cm
3行
立体线的9针
拼接侧展平
后卷针缝合
3针
4针
拼接侧展平后
卷针缝合
3行
钩织起点
8行
卷针缝合

9行
3行
2针

※前后腿的横向2行缝好固定。

鼹鼠和树根（鼹鼠）

钩织用线
HAMANAKA马海毛
灰色（63）10g，白色（1）5g
用具
HAMANAKA AmiAmi两用钩针RakuRaku4/0号
附属品
HAMANAKA填充棉（H405-001）5g
HAMANAKA高脚纽扣（H220-608-1，8mm）2颗
25号刺绣线（黑色）

制作方法
用1股线钩织。
钩织各部分，除指定的部分以外均需塞入填充棉。头部收紧固定。拼接头部与躯干，接着拼接腿部、尾巴、耳朵。最后拼接眼睛，再进行脸部的刺绣。

头部 1块　　☒= 白色　☒= 灰色
线从6个针脚中穿过，收紧固定

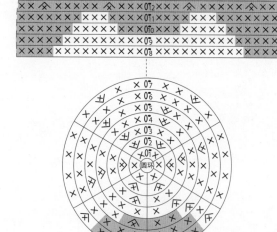

上侧

行数	针数	加减针数
15	6	
14	12	每行减6针
13	18	
12	24	减4针
11 ≀ 8	28	无加减针
7	28	加4针
6	24	无加减针
5	24	加6针
4	18	每行加3针
3	15	
2	12	加6针
1	6	圆环中钩织6针

塞入填充棉

尾巴 1块 灰色

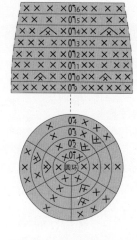

行数	针数	加减针数
16	8	无加减针
15	8	
14	8	减2针
13 ≀ 11	10	无加减针
10	10	减2针
9 ≀ 4	12	无加减针
3	12	每行加3针
2	9	
1	6	圆环中钩织6针

耳朵 2块　　◁= 钩织起点
灰色　　　◀= 钩织终点

拼接侧

躯干 1块　　☒= 白色　☒= 灰色

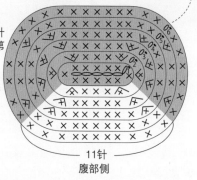

※7~12行的针数、配色与第6行相同。

11针
腹部侧

行数	针数	加减针数
17	18	减2针
16	20	每行减4针
15	24	
14	28	减2针
13	30	减4针
12 ≀ 6	34	无加减针
5	34	每行加4针
4	30	
3	26	加8针
2	18	加6针
1	12	5针锁针中织入12针

拼接眼睛的位置
脸部的刺绣

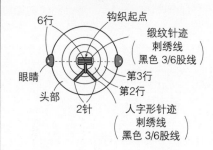

6行
钩织起点
缎纹针迹
刺绣线
黑色 3/6股线
第3行
眼睛
第2行
头部
2针
人字形针迹
刺绣线
黑色 3/6股线

第8页 作品 **10**
鼓着脸蛋的松鼠（橡子）

钩织用线（3个的用量）
HAMANAKA马海毛
红茶色（14）1g，焦茶色（52）1g
用具
HAMANAKA AmiAmi两用钩针RakuRaku 4/0号
附属品（3个的用量）
HAMANAKA填充棉（H405-001）1g

制作方法
用1股线钩织。
钩织各部分。制作蒂的线圈，主体与蒂塞入填充棉，再将蒂盖到主体
上，拼接完成。

主体 3块 红茶色

行数	针数	加减针数
8	8	减2针
7		
≀	10	无加减针
5		
4	10	加2针
3	8	加4针
2	4	无加减针
1	4	圆环中钩织4针

拼接蒂

从正面穿出线头，制
作成线圈，再在反面
处理好线头

0.6cm

成品图

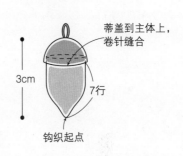

蒂盖到主体上，
卷针缝合

3cm

7行

钩织起点

蒂 3块 焦茶色

行数	针数	加减针数
3	12	无加减针
2	12	加6针
1	6	圆环中钩织6针

成品图

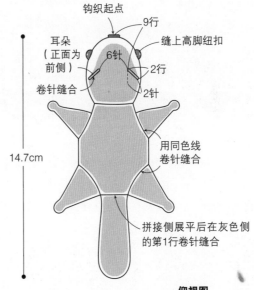

钩织起点
9行
缝上高脚纽扣
6针
2行
耳朵
（正面为
前侧）
2针
卷针缝合

14.7cm

用同色线
卷针缝合

拼接侧展平后在灰色侧
的第1行卷针缝合

四肢 4块　☒＝白色　▨＝灰色

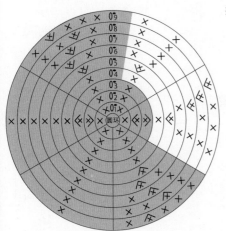

※ 钩织终点留出白色、灰色的
两种线。

行数	针数	加减针数
9	21	
8	18	每行加3针
7	15	
6	12	加2针
5	10	加4针
4	6	无加减针
3	6	减2针
2	8	加2针
1	6	圆环中钩织6针

仰视图

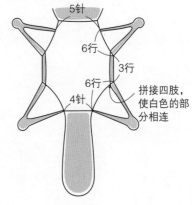

5针
6行
3行
6行
4针
拼接四肢，
使白色的部
分相连

第8页 作品**9**
鼓着脸蛋的松鼠（松鼠）

钩织用线
HAMANAKA马海毛
摩卡茶色（92）10g，浅黄色（11）2g，焦茶色（52）1g
用具
HAMANAKA AmiAmi两用钩针RakuRaku 4/0号
附属品
HAMANAKA填充棉（H405-001）6g
HAMANAKA高脚纽扣（H220-606-1，6mm）2颗
25号刺绣线（黑色）

制作方法
用1股线钩织。
钩织各部分，除指定的部分以外均塞入填充棉。收紧固定头部，再拼接头部与躯干。接着拼接耳朵、脸蛋儿、前腿、后腿。头部和尾巴进行刺绣。拼接完尾巴后再拼接眼睛，脸部进行刺绣。作品10还需拼接橡子。
※躯干浅黄色的钩织终点处留出线头，腹部侧用此线头卷针缝合。

头部 1块　☒＝浅黄色　☒＝摩卡茶色

线从6个针脚中穿过

行数	针数	加减针数
15	6	每行减6针
14	12	
13	18	减3针
12	21	减2针
11〜8	23	无加减针
7	23	加4针
6	19	无加减针
5	19	每行加4针
4	15	
3	11	加2针
2	9	加3针
1	6	圆环中钩织6针

←塞入填充棉

耳朵 2块　摩卡茶色

※无需塞入填充棉。

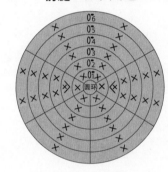

行数	针数	加减针数
3	6	减2针
2	8	加2针
1	6	圆环中钩织6针

前腿 2块　摩卡茶色

※无需塞入填充棉。

行数	针数	加减针数
6〜3	8	无加减针
2	8	加2针
1	6	圆环中钩织6针

躯干 1块　☒＝浅黄色　☒＝摩卡茶色

※钩织终点处留出摩卡茶色、浅黄色的线头。

腹部侧

行数	针数	加减针数
16	16	无加减针
15	16	每行减2针
14	18	
13	20	
12	22	减4针
11	26	减2针
10	28	无加减针
9	28	减2针
8〜6	30	无加减针
5	30	每行加6针
4	24	
3	18	
2	12	
1	6	圆环中钩织6针

后腿 2块　摩卡茶色

※无需塞入填充棉。

行数	针数	加减针数
4〜2	6	无加减针
1	6	圆环中钩织6针

脸蛋儿 2块　浅黄色

行数	针数	加减针数
4〜3	12	无加减针
2	12	加6针
1	6	圆环中钩织6针

尾巴① 1块 摩卡茶色

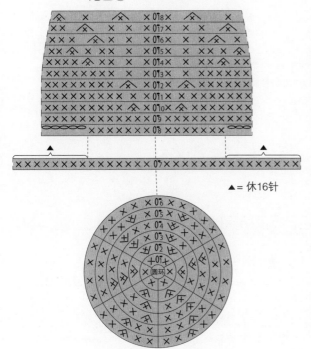

行数	针数	加减针数
18	7	减3针
17	10	
16	12	每行减2针
15	14	
14	16	
13	18	无加减针
12	18	减2针
11	20	无加减针
10	20	减2针
9	22	无加减针
8	22	14针+锁针8针
7	30	无加减针
6	30	加2针
5	28	加4针
4	24	
3	18	每行加6针
2	12	
1	6	圆环中钩织6针

▲ = 休16针

尾巴② 1块 摩卡茶色

线从6个针脚中穿过，
收紧固定

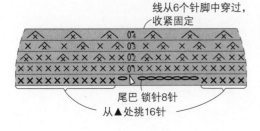

行数	针数	加减针数
4	6	
3	12	每行减6针
2	18	
1	24	挑24针

←塞入填充棉

尾巴 锁针8针
从▲处挑16针

成品图

7.5cm

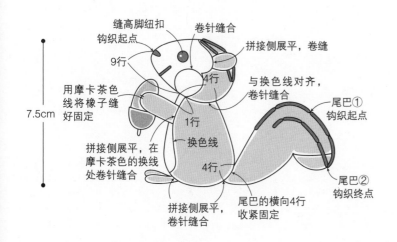

缝高脚纽扣
钩织起点
卷针缝合
拼接侧展平，卷缝
9行
用摩卡茶色线将橡子缝好固定
与换色线对齐，卷针缝合
尾巴① 钩织起点
1行
换色线
拼接侧展平，在摩卡茶色的换线处卷针缝合
4行
尾巴② 钩织终点
拼接侧展平，卷针缝合
尾巴的横向4行收紧固定

拼接后腿、尾巴的位置

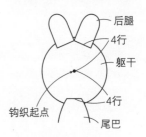

后腿
4行
躯干
钩织起点
4行
尾巴

拼接脸蛋儿的位置 脸部的刺绣

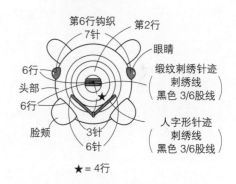

第6行钩织
7针
第2行
眼睛
6行
头部
6行
脸颊
缎纹刺绣针迹 刺绣线 黑色 3/6股线
人字形针迹 刺绣线 黑色 3/6股线
3针
6针

★ = 4行

拼接耳朵的位置 头部刺绣

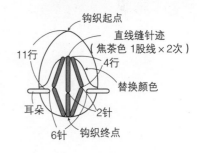

钩织起点
直线缝针迹（焦茶色 1股线×2次）
11行
4行
替换颜色
耳朵
2针
6针
钩织终点

尾巴的刺绣

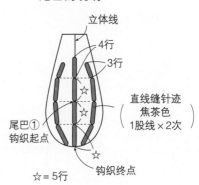

立体线
4行
3行
尾巴① 钩织起点
直线缝针迹（焦茶色 1股线×2次）
钩织终点

☆ = 5行

两只仓鼠

钩织用线
HAMANAKA Piccolo
作品**11** 米褐色（16）6g，象牙白（2）2g，茶色（21）少许
作品**12** 象牙白（2）5g 茶色（21）3g
用具
HAMANAKA AmiAmi两用钩针RakuRaku4/0号
附属品
通用
HAMANAKA填充棉（H405-001）6g
HAMANAKA高脚纽扣（H220-606-1，6mm）2颗
25号刺绣线（黑色）

制作方法
用1股线钩织。
钩织各部分，头部、躯干塞入填充棉，收紧固定。拼接耳朵、四肢。
作品**11**拼接坚果，最后拼接眼睛，进行脸部的刺绣。

作品11 头部、躯干 1块　⊠=象牙白色　⊠=米褐色

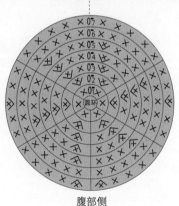

腹部侧

行数	针数	加减针数
24	6	
23	12	每行减6针
22	18	
21	24	
20	28	每行减4针
19	32	
18	36	无加减针
17		
16	36	加2针
15	34	无加减针
14	34	加2针
13		
～	34	无加减针
11		
10	34	加2针
9	32	减2针
8	34	无加减针
7	34	加4针
6	30	无加减针
5	30	
4	24	每行加6针
3	18	
2	12	
1	6	圆环中钩织6针

塞入填充棉

线从6个针脚中穿过，收紧固定

作品11 拼接眼睛、耳朵的位置

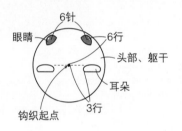

作品11 脸部的刺绣

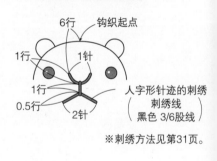

※刺绣方法见第31页。

作品11 坚果 1块 茶色

线从4个针脚中穿过，收紧固定

※无需塞入填充棉。

行数	针数	加减针数
3	4	减2针
2	6	加2针
1	4	圆环中钩织4针

作品11 成品图

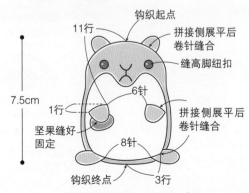

作品12 头部、躯干 1块　　Ⅹ = 象牙白　　Ⅹ = 茶色

线从6个针脚中穿过，收紧固定

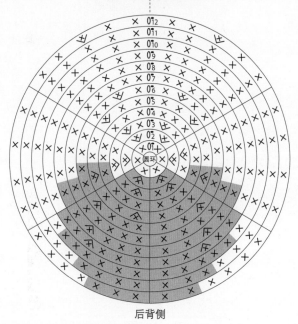

后背侧

行数	针数	加减针数
23	6	减6针
22	12	
21	16	每行减4针
20	20	
19	24	减6针
18	30	减2针
17	32	无加减针
16		
15	32	加2针、减2针
14	32	减1针
13	33	无加减针
12	33	加2针
11	31	无加减针
10		
9	31	每行加2针
8	29	
7	27	无加减针
6	27	加4针
5	23	加5针
4	18	无加减针
3	18	每行加6针
2	12	
1	6	圆环中钩织6针

← 塞入填充棉

通用 耳朵 2块　　作品11 = 米褐色　　作品12 = 茶色

※无需塞入填充棉。

行数	针数	加减针数
2	5	无加减针
1	5	圆环中钩织5针

通用　　**前腿 2块** 作品11、12= 象牙白色
　　　　　　后腿 2块 作品11= 米褐色　作品12= 茶色

※无需塞入填充棉。

行数	针数	加减针数
3	5	无加减针
2		
1	5	圆环中钩织5针

作品12 拼接眼睛、耳朵的位置
**　　　　脸部的刺绣**

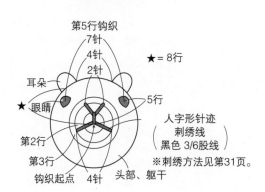

第5行钩织
7针
4针
2针
★ = 8行
耳朵
★ 眼睛
5行
第2行
第3行
钩织起点　4针　头部、躯干
人字形针迹
刺绣线
黑色 3/6股线
※刺绣方法见第31页。

作品12 成品图

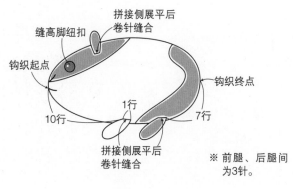

拼接侧展平后
卷针缝合
缝高脚纽扣
钩织起点
钩织终点
10行
1行
7行
拼接侧展平后
卷针缝合
※ 前腿、后腿间
为3针。

●━━7.5cm━━●

57

雪纳瑞

钩织用线

HAMANAKA马海毛

灰色（63）10g、白色（1）5g、浅灰色（72）少许

用具

HAMANAKA AmiAmi两用钩针RakuRaku 4/0号

附属品

HAMANAKA填充棉（H405-001）10g

HAMANAKA高脚纽扣（H220-608-1，8mm）2颗

25号刺绣线（黑色）

制作方法

用1股线钩织。

钩织各部分，除指定以外的部分均塞入填充棉。头部和躯干收紧固定，嘴角拼接到头部，然后再拼接头部和躯干。接着拼接腿部、耳朵。钩织尾巴，最后拼接眼睛，再进行脸部的刺绣。

头部 1块 灰色

线从8个针脚中穿过，收紧固定

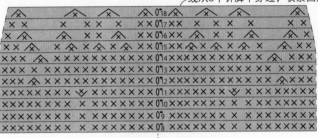

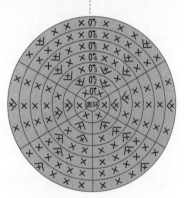

行数	针数	加减针数
18	8	减8针
17	16	无加减针
16	16	减6针
15	22	减8针
14	30	减2针
13	32	无加减针
12	32	减2针
11	34	加2针
10 ~ 8	32	无加减针
7	32	加6针
6	26	无加减针
5	26	每行加4针
4	22	
3	18	每行加6针
2	12	
1	6	在圆环中钩织6针

塞入填充棉

耳朵 2块

第1行

外耳 2块 灰色

内耳 2块 浅灰色

※ 无需塞入填充棉。

留出20cm左右的灰色线

◁ = 钩织起点

◀ = 钩织终点

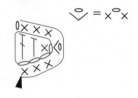

第2行

$\heartsuit$ = ×○×

第1行= 灰色、浅灰色各钩织2块

第2行= 各种颜色钩织1块，正面朝外

相对合拢重叠，两块一起挑

起后用灰色钩织

（看着浅灰色一侧钩织）

嘴角 1块 ⊠ = 白色 ⊠ = 灰色

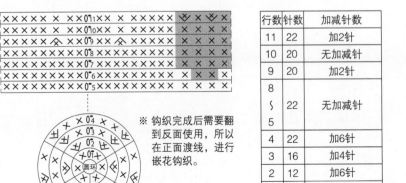

※ 钩织完成后需要翻到反面使用，所以在正面渡线，进行嵌花钩织。

行数	针数	加减针数
11	22	加2针
10	20	无加减针
9	20	加2针
8 ~ 5	22	无加减针
4	22	加6针
3	16	加4针
2	12	加6针
1	6	在圆环中钩织6针

四肢 4块

⊠ = 白色

⊠ = 灰色

╳ = 条针

▲ = 剪断线，翻到反面后用灰色的线钩织2行

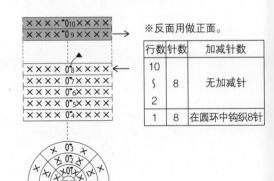

※反面用做正面。

行数	针数	加减针数
10 ~ 2	8	无加减针
1	8	在圆环中钩织8针

躯干 1块 灰色

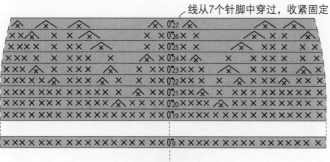

线从7个针脚中穿过，收紧固定

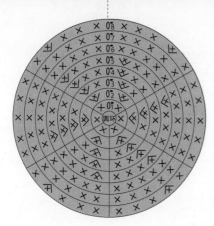

行数	针数	加减针数
27	7	减7针
26	14	减4针
25	18	每行减2针
24	20	
23	22	每行减4针
22	26	
21	30	每行减2针
20	32	
19 ～ 9	34	无加减针
8	34	加4针
7	30	无加减针
6		
5	30	
4	24	每行加6针
3	18	
2	12	
1	6	圆环中钩织6针

塞入填充棉

尾巴 1块
灰色

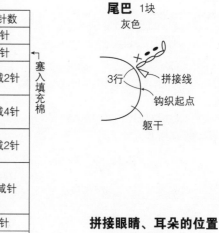

3行　拼接线
钩织起点
躯干

拼接眼睛、耳朵的位置

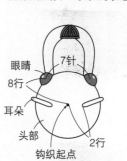

眼睛　7针
8行
耳朵
头部
钩织起点
2行

脸部的刺绣

★=4针

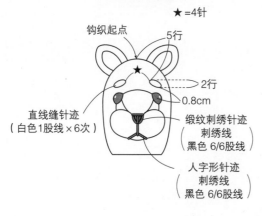

钩织起点
5行
2行
0.8cm

直线缝针迹
（白色1股线×6次）

缎纹刺绣针迹
刺绣线
黑色 6/6股线

人字形针迹
刺绣线
黑色 6/6股线

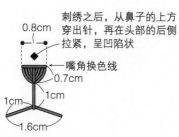

刺绣之后，从鼻子的上方
穿出针，再在头部的后侧
拉紧，呈凹陷状

0.8cm
嘴角换色线
0.7cm
1cm　1cm
1.6cm

成品图

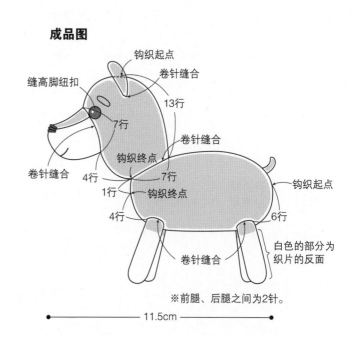

钩织起点
卷针缝合
缝高脚纽扣
13行
7行
卷针缝合
钩织终点
4行　7行
1行　钩织终点
4行
卷针缝合
卷针缝合
钩织起点
6行
白色的部分为
织片的反面

※前腿、后腿之间为2针。

11.5cm

59

斗牛犬

钩织用线

HAMANAKA Piccolo

象牙白（2）10g，茶色（21）1g

浅橙色（3）、黑色（20）各少许

用具

HAMANAKA AmiAmi两用钩针RakuRaku 4/0号

附属品

HAMANAKA填充棉（H405-001）8g

25号刺绣线（黑色）

制作方法

用1股线钩织。

钩织各部分，除指定以外各部分均需塞入填充棉。头部收紧固定，躯干的钩织终点处接缝缝合。然后再拼接头部与躯干，接着拼接嘴角、耳朵、四肢。之后钩织尾巴，最后进行脸部的刺绣。

耳朵 2块

第1行

右外耳 1块 茶色

左外耳 1块 象牙白色

内耳 2块 浅橙色

◁ = 钩织起点

◀ = 钩织终点

※ 无需塞入填充棉。
外耳留出20cm左右的线头。

第2行

第1行= 钩织浅橙色2块，茶色1块，象牙白色1块

第2行= 浅橙色和茶色、浅橙色和象牙白正面朝外相对合拢重叠，再分别用茶色、象牙白色将两块一起挑起后钩织（看着浅橙色一侧钩织）。

头部 1块 象牙白

线从9个针脚中穿过，收紧固定

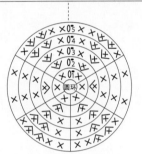

行数	针数	加减针数
16	9	减4针
15	13	减7针
14	20	减8针
13	28	减4针
12 ~ 6	32	无加减针
5	32	每行加8针
4	24	
3	16	加4针
2	12	加6针
1	6	圆环中钩织6针

← 塞入填充棉

嘴角 1块 象牙白色

◁ = 钩织起点

⋏ = ⋏ 短针3针并1针

行数	针数	加减针数
4	21	无加减针
3	21	加2针
2	19	加6针
1	13	5针锁针中钩织13针

右前腿 1块 茶色

左前腿 1块 象牙白色

✕ = 条针

行数	针数	加减针数
5 ~ 2	6	无加减针
1	6	圆环中钩织6针

后腿 2块象 牙白

✕ = 条针

行数	针数	加减针数
5	8	加2针
4 ~ 2	6	无加减针
1	6	圆环中钩织6针

躯干 1块 象牙白色

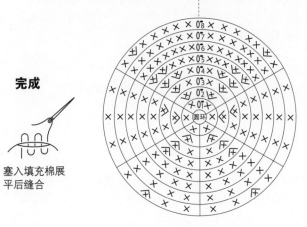

行数	针数	加减针数	
21	8	每行减4针	塞入填充棉
20	12		
19	16		
18	20		
17	24	减2针	
16	26	减4针	
15	30	无加减针	
14	30	减2针	
13	32	无加减针	
12	32	减2针	
11	34	加2针	
10	32	无加减针	
9	32		
8	32	加4针	
7	28	无加减针	
6	28		
5	28	加4针	
4	24	每行加6针	
3	18		
2	12		
1	6	圆环中钩织6针	

完成

塞入填充棉展平后缝合

尾巴 1块 象牙白

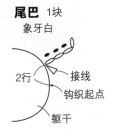

2行
接线
钩织起点
躯干

拼接耳朵、嘴角的位置 眼睛的刺绣

★ = 2针

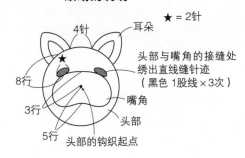

4针
耳朵
8行
头部与嘴角的接缝处绣出直线缝针迹（黑色 1股线×3次）
嘴角
3行
头部
5行
头部的钩织起点

嘴角的刺绣

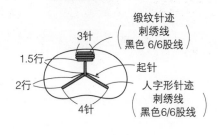

3针
缎纹针迹 刺绣线 黑色 6/6股线
1.5行
起针
2行
人字形针迹 刺绣线 黑色 6/6股线
4针

成品图

∧ = ⩓ 短针3针并1针

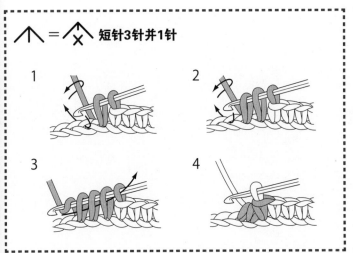

1
2
3
4

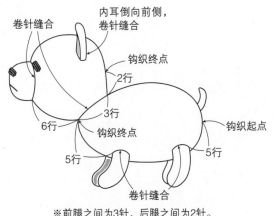

卷针缝合
内耳倒向前侧，卷针缝合
钩织终点
2行
3行
钩织起点
6行
钩织终点
5行
5行
卷针缝合

※前腿之间为3针，后腿之间为2针。

10.2cm

第14页 作品17
乌龟

钩织用线

HAMANAKA Piccolo

米褐色（16）10g，黄绿色（9）1g，茶色（21）1g，
芥末色（27）1g

用具

HAMANAKA AmiAmi两用钩针RakuRaku 4/0号

附属品

HAMANAKA填充棉（H405-001）4g

HAMANAKA高脚纽扣（H220-606-1，6mm）2颗

25号刺绣线（黑色）

制作方法

用1股线钩织。

钩织各部分，头部塞入填充棉。龟壳A~G用引拔针拼接，周围再钩织
2行。龟壳与腹部拼接，中途塞入填充棉，接着再拼接头部、四肢、尾
巴。最后拼接眼睛，进行脸部的刺绣。

头部 1块 米褐色

行数	针数	加减针数
10	10	减2针
9	12	无加减针
8	12	每行减3针
7	15	
6	18	无加减针
5		
4	18	加6针
3	12	每行加3针
2	9	
1	6	圆环中钩织6针

前腿 2块 米褐色

※无需塞入填充棉。

行数	针数	加减针数
7	10	无加减针
6	10	加2针、减2针
5	10	无加减针
4	10	加2针
3	8	无加减针
2	8	加2针
1	6	圆环中钩织6针

前侧

腹部 1块 米褐色

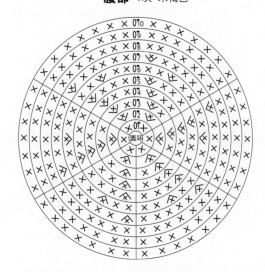

行数	针数	加减针数
10		
～	42	无加减针
8		
7	42	
6	36	
5	30	每行加6针
4	24	
3	18	
2	12	
1	6	圆环中钩织6针

后腿 2块 米褐色

※无需塞入填充棉。

行数	针数	加减针数
6	10	无加减针
5		
4	10	加2针
3	8	无加减针
2	8	加2针
1	6	圆环中钩织6针

前侧

龟壳A～G
各一块

A、C、E、G= 芥末色
B、D、F= 黄绿色

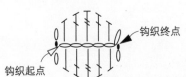

钩织起点
钩织终点

尾巴 1块 米褐色

※无需塞入填充棉。

行数	针数	加减针数
4	8	无加减针
3		
2	8	加2针
1	6	圆环中钩织6针

龟壳的拼接方法

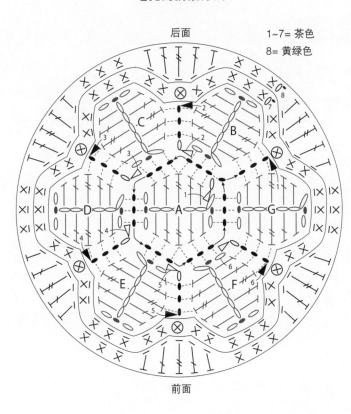

后面

1～7= 茶色
8= 黄绿色

前面

◁ = 钩织起点
◀ = 钩织终点

┈●┈ = 将相邻部分2针的头针外侧1根线挑起后进行引拔钩织

⊻ | | 〢 = 条针

⊗ = 将相邻的引拔针挑起，钩织短针（不是条针）

※ 按照1～6的顺序拼接，再钩织第7、8行。

拼接头部、前腿、后腿、尾巴的位置
脸部的刺绣

拼接眼睛的位置

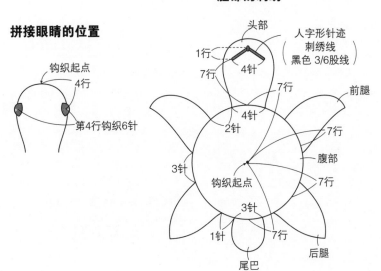

钩织起点
4行
第4行钩织6针

头部
1行
4针
7行
4针
2针
3针
钩织起点
3针
1针
7行
尾巴
后腿

人字形针迹
刺绣线
黑色 3/6股线

前腿
7行
7行
腹部
7行

成品图

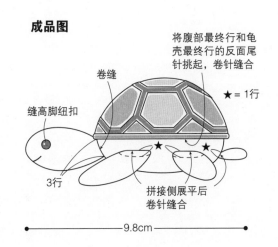

卷缝
缝高脚纽扣
3行

将腹部最终行和龟壳最终行的反面尾针挑起，卷针缝合
★ = 1行

拼接侧展平后卷针缝合

←————9.8cm————→

第17页 作品**20**
奶牛

钩织用线

HAMANAKA Piccolo

白色（1）10g，黑色（20）3g

米褐色（16）、浅橙色（3）各少许

用具

HAMANAKA AmiAmi两用钩针RakuRaku 4/0号

附属品

HAMANAKA填充棉（H405-001）10g

HAMANAKA高脚纽扣（H220-606-1，6mm）2颗

25号刺绣线（黑色）

制作方法

用1股线钩织。

钩织各部分，除指定部分以外均需塞入填充棉。头部和躯干收好固定，接着再拼接。然后拼接耳朵、四肢、犄角。钩织尾巴，拼接眼睛，进行脸部刺绣。

※躯干的钩织终点处留出线头，用此线头缝合头部和躯干。

躯干 1块　⊠ = 白色　⊠ = 黑色

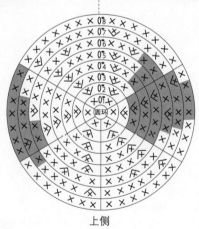

线从6个针脚中穿过，收紧固定

上侧

行数	针数	加减针数
26	6	减6针
25	12	
24	16	每行减4针
23	20	
22	24	
21	28	
20	32	每行减2针
19	34	
18〜16	36	无加减针
15	36	减3针
14〜13	39	无加减针
12	39	减3针
11〜8	42	无加减针
7	42	
6	36	
5	30	每行加6针
4	24	
3	18	
2	12	
1	6	圆环中钩织6针

（18〜16行、14〜13行、11〜8行间有「塞入填充棉」标注）

右耳 1块 白色

左耳 1块 黑色

※无需塞入填充棉。

行数	针数	加减针数
3	6	无加减针
2	6	加2针
1	4	圆环中钩织4针

犄角 2块 米褐色

※无需塞入填充棉。

行数	针数	加减针数
2	4	无加减针
1	4	圆环中钩织4针

头部 1块 ☒=白色 ☒=黑色 ☒=浅橙色

线从7个针脚中穿过，收紧固定 ☒=条针

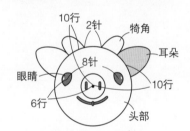

行数	针数	加减针数
13	7	减7针
12	14	减4针
11	18	减2针
10	20	无加减针
9	20	加2针
8	18	无加减针
7	18	
6	18	每行加2针
5	16	
4	14	加4针
3	10	无加减针
2	10	加2针
1	8	圆环中钩织8针

塞入填充棉

四肢 4块 ☒=白色 ☒=黑色

☒=条针

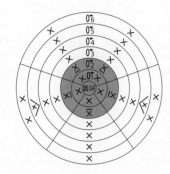

行数	针数	加减针数
6	7	无加减针
5	7	加2针
4 ～ 2	5	无加减针
1	5	在圆环中钩织5针

尾巴 1块 白色

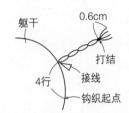

躯干 · 0.6cm · 拆开线头 · 打结 · 接线 · 4行 · 钩织起点

拼接眼睛、耳朵、犄角的位置

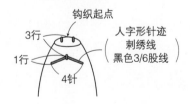

10行 · 2针 · 犄角 · 耳朵 · 眼睛 · 8针 · 10行 · 6行 · 头部

※耳朵拼接到犄角的旁边。

脸部的刺绣

钩织起点 · 3行 · 1行 · 4针 · 人字形针迹 刺绣线 黑色3/6股线

2针 · 直线缝针迹 刺绣线 黑色3/6股线 · 钩织起点 · 第1行

成品图

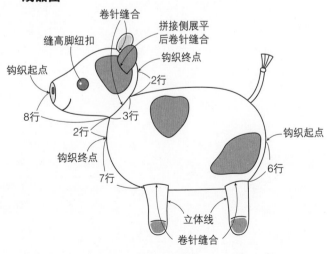

卷针缝合 · 拼接侧展平后卷针缝合 · 缝高脚纽扣 · 钩织终点 · 钩织起点 · 2行 · 3行 · 8行 · 2行 · 钩织终点 · 7行 · 立体线 · 卷针缝合 · 钩织起点 · 6行

※四肢之间为2针。

红色项圈的山羊

钩织用线
HAMANAKA Piccolo
白色（1）10g，米褐色（16）、茶色（17）、红色
（6）各少许
用具
HAMANAKA AmiAmi两用钩针RakuRaku 4/0号
附属品
HAMANAKA填充棉（H405-001）10g
HAMANAKA高脚纽扣（H220-606-1，6mm）2颗
25号刺绣线（黑色）

制作方法
用1股线钩织。
钩织各部分，除指定部分以外均需塞入填充棉。头部与躯干收紧固定，在头部钩织胡须，躯干处钩织尾巴。再拼接头部和躯干。接着拼接耳朵、腿部、犄角。最后拼接眼睛，再进行脸部的刺绣。缠上项圈，在头部后面打结。
※躯干的钩织终点处留出线头，再用此线拼接头部和躯干。

躯干 1块 白色

线从6个针脚中穿过，收紧固定

行数	针数	加减针数
20	6	减6针
19	12	减2针
18	14	
17	16	减4针
16	20	减2针
15	22	
14	24	
13	26	无加减针
12	26	
11	26	减2针
10	28	无加减针
9	28	
8	28	减2针
7	30	无加减针
6	30	加6针
5	24	无加减针
4	24	加6针
3	18	
2	12	
1	6	圆环中钩织6针

塞入填充棉→

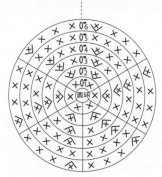

耳朵 2块
白色

※无需塞入填充棉。

行数	针数	加减针数
3	4	减2针
2	6	加2针
1	4	圆环中钩织4针

犄角 2块
米褐色

※无需塞入填充棉。

行数	针数	加减针数
2	4	无加减针
1	4	圆环中钩织4针

四肢 4块

✕= 茶色　✕ = 白色　✕= 条针

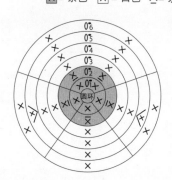

※塞入少许填充棉。

行数	针数	加减针数
6	7	无加减针
5	7	加2针
4～2	5	无加减针
1	5	圆环中钩织5针

项圈 1块 红色

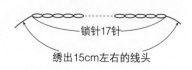

锁针17针

绣出15cm左右的线头

头部 1块 白色

线从7个针脚中穿过，收紧固定

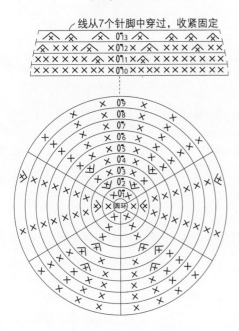

行数	针数	加减针数
13	7	减7针
12	14	减4针
11	18	减2针
10	20	无加减针
9	20	加2针
8	18	无加减针
7		
6	18	加2针
5	16	
4	14	加4针
3	10	无加减针
2	10	加4针
1	6	圆环中钩织6针

塞入填充棉

胡须 1块 白色

※无需塞入填充棉。

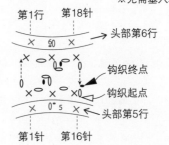

第1行　第18针

头部第6行

钩织终点

钩织起点

头部第5行

第1针　第16针

在第5行的第16针处接线，然后将第5行的尾针挑起，按照图示方法钩织。
变换织片的钩织方向，将第6行的尾针挑起钩织，然后反面钩织起点的针脚中，引拔钩织。

挑胡须、尾巴的位置

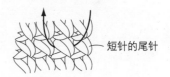

短针的尾针

拼接犄角、耳朵、眼睛的位置

2针　犄角
耳朵
8针　头部眼睛
9行　6行
钩织起点

※耳朵拼接到与犄角相同的位置。

脸部的刺绣

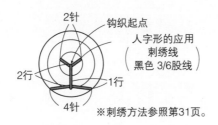

2针　钩织起点
人字形的应用刺绣线
黑色 3/6股线
2行　1行
4针

※刺绣方法参照第31页。

尾巴 白色 1块

◁ = 钩织起点
◀ = 钩织终点

※无需塞入填充棉。

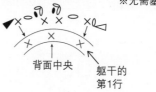

背面中央
躯干的第1行

将第1行的尾针挑起后钩织。

成品图

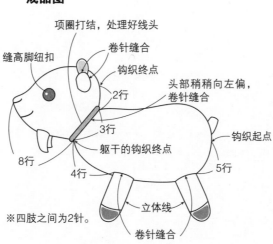

项圈打结，处理好线头
缝高脚纽扣
卷针缝合
钩织终点
2行
头部稍稍向左偏，卷针缝合
3行
躯干的钩织终点
钩织起点
8行
4行　5行
立体线
卷针缝合

※四肢之间为2针。

10cm

正面图

67

北极熊

钩织用线
作品**24**
HAMANAKA Exceed Wool L（普通粗线） 白色
（301）35g
HAMANAKA Piccolo 黑色（20）少许
作品**25**
HAMANAKA Piccolo 象牙白（2）15g，黑色（20）
少许
用具

作品**24** HAMANAKA AmiAmi两用钩针RakuRaku 5/0号
作品**25** HAMANAKA AmiAmi两用钩针RakuRaku 4/0号
附属品
通用
HAMANAKA填充棉（H405-001）作品**24**=18g 作品**25**=14g
HAMANAKA高脚纽扣（作品**24**=H220-608-1，8mm
作品**25**=H220·606-1，6mm）2颗
25号刺绣线（黑色）
制作方法
用1股线钩织。
钩织各部分，除指定部分以外均需塞入填充棉。头部与躯干收紧固定，
再将头部与躯干拼接。然后拼接四肢、耳朵。接着钩织尾巴，再在四肢

通用 头部 1块 　**作品24** 白色
　　　　　　　　　　作品25 象牙白

线从6个针脚中穿过，收紧固定

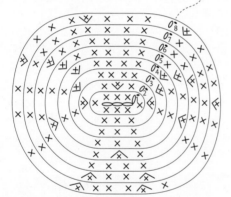

行数	针数	加减针数	
15	6		
14	12	每行减6针	
13	18		
12	24		
11～9	30	无加减针	塞入填充棉
8	30	加6针	
7	24	每行加2针	
6	22		
5	20	加5针	
4	15	每行加2针	
3	13		
2	11	加3针	
1	8	3针锁针中钩织8针	

通用 耳朵 2块
作品24 白色
作品25 象牙白

※ 无需塞入
填充棉。

行数	针数	加减针数
2	8	加2针
1	6	圆环中钩织6针

通用 尾巴 1块
作品24 白色 　**作品25** 象牙白

躯干的钩织起点

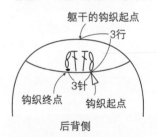

3行

3针

钩织终点　　钩织起点

后背侧

通用 脸部的刺绣

作品24 3针
起针　**作品25** 2针

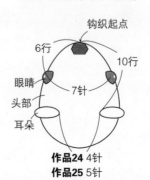

缎纹刺绣针迹
刺绣线
黑色 6/6股线

3行

5针

第2行

人字形针迹
刺绣线
黑色 6/6股线

第3行

通用 四肢 4块 　**作品24** 白色
　　　　　　　　　　　作品25 象牙白

╳ = 条针
个 = 个 短针3针并1针

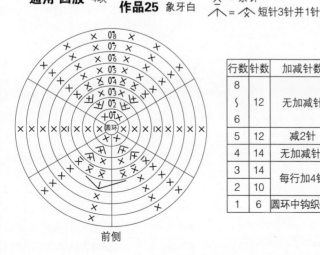

行数	针数	加减针数
8～6	12	无加减针
5	12	减2针
4	14	无加减针
3	14	每行加4针
2	10	
1	6	圆环中钩织6针

前侧

通用 拼接耳朵、眼睛

钩织起点

6行　　　　10行

眼睛

头部　　7针

耳朵

作品24 4针
作品25 5针

通用 四肢的刺绣

前面中央

★=1针

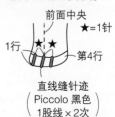

1行

第4行

直线缝针迹
（Piccolo 黑色
1股线×2次）

通用 躯干 1块

作品24 白色
作品25 象牙白

线从8个针脚中穿过，收紧固定

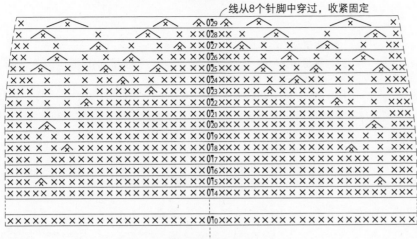

行数	针数	加减针数	
29	8	减6针	
28	14		
27	18	每行减4针	塞入填充棉
26	22		
25	26	减6针	
24	32		
23	34	每行减2针	
22	36		
21	38	无加减针	
20	38	减2针	
19	40	无加减针	
18	40	减2针	
17	42	无加减针	
16	42		
15	42	减2针	
14 ≀ 9	44	无加减针	
8	44	加8针	
7	36	无加减针	
6	36	加4针	
5	32	每行加6针	
4	26		
3	20	加8针	
2	12	加6针	
1	6	圆环中钩织6针	

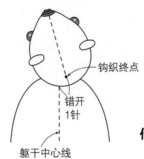

钩织终点
错开1针
躯干中心线

钩织终点
错开1针
躯干中心线

作品24 成品图

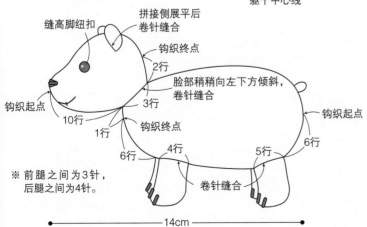

缝高脚纽扣
拼接侧展平后卷针缝合
钩织终点
2行
脸部稍稍向左下方倾斜，卷针缝合
钩织起点
钩织起点
3行
10行
1行
钩织终点
4行
6行
6行
5行
卷针缝合

※前腿之间为3针，后腿之间为4针。

◄———— 14cm ————►

作品25 成品图

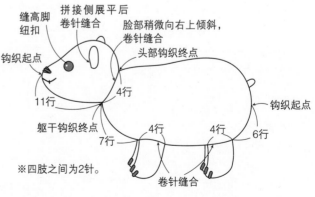

缝高脚纽扣
拼接侧展平后卷针缝合
脸部稍微向右上方倾斜，卷针缝合
头部钩织终点
钩织起点
钩织起点
4行
11行
躯干钩织终点
7行
4行
4行
6行
卷针缝合

※四肢之间为2针。

◄———— 12.5cm ————►

绵羊

钩织用线

作品21

HAMANAKA Sonomono Loop 浅茶色（52）20g

HAMANAKA Sonomono（粗线）本白色（1）10g

作品22

HAMANAKA Sonomono Loop 本白色（51）20g

HAMANAKA Sonomono（粗线）本白色（1）10g

用具

HAMANAKA AmiAmi两用钩针RakuRaku 4/0号、5/0号

附属品

通用

HAMANAKA填充棉（H405-001）3g

HAMANAKA高脚纽扣（H220-606-1，6mm）2颗

25号刺绣线（黑色）

制作方法

用1股线钩织。

钩织各部分，除指定的部分以外均需塞入填充棉。拼接头部与躯干，再拼接耳朵和四肢。最后拼接眼睛，再进行脸部刺绣。

头部 1块 A色

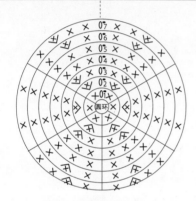

行数	针数	加减针数
9	22	减2针
8	24	无加减针
7	24	每行加4针
6	20	
5	16	无加减针
4	16	
3	16	加4针
2	12	加6针
1	6	圆环中钩织6针

配色

	作品21	作品22
A色 4/0号	Sonomono（普通粗线）本白色	Sonomono（粗线）本白色
B色 5/0号	Sonomono Loop 浅茶色	Sonomono Loop 本白色

躯干 1块 B色

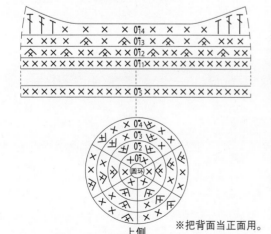

上侧

※把背面当正面用。

行数	针数	加减针数
14	14	无加减针
13	14	减4针
12	18	减6针
11 ≀ 5	24	无加减针
4	24	每行加6针
3	18	
2	12	
1	6	圆环中钩织6针

耳朵 2块 A色

行数	针数	加减针数
3	5	无加减针
2		
1	5	圆环中钩织5针

脚尖 4块 A色

×= 条针

行数	针数	加减针数
4	5	无加减针
≀ 2		
1	5	圆环中钩织5针

大腿 4块 B色

脚尖 第4行

※无需塞入填充棉。

行数	针数	加减针数
2	5	无加减针
1	5	从脚尖挑5针

大腿的挑针方法

脚尖

从内侧插入针，看着反面钩织

拼接耳朵、眼睛的位置
脸部的刺绣

第6行钩织
8针

拼接到躯干的最终行，比针脚的位置稍高

2针

6行

第3行

4针

钩织起点

人字形针迹的应用
（刺绣线
黑色 3/6股线）

※刺绣方法参照第31页。

70

企鹅（王企鹅的宝宝）

钩织用线
HAMANAKA马海毛
摩卡茶色（92）10g，黑色（25）少许
用具
HAMANAKA AmiAmi两用钩针RakuRaku 4/0号

附属品
HAMANAKA填充棉（H405-001）2g
HAMANAKA高脚纽扣（H220-606-1，6mm）2颗
制作方法
用1股线钩织。钩织各部分，除指定的部分以外均需塞入填充棉。接着拼接头部和躯干，再拼接翅膀、腿、尾鳍、嘴巴。最后拼接眼睛。

躯干 1块 摩卡茶色

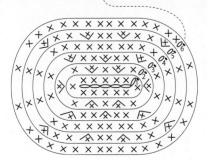

行数	针数	加减针数
18	24	减4针
17	28	无加减针
16	28	减4针
15	32	无加减针
14		
13	32	减4针
12	36	无加减针
~		
9		
8	36	加4针
7	32	无加减针
6		
5	32	加8针
4	24	无加减针
3	24	每行加6针
2	18	
1	12	从5针锁针钩织12针

头部 1块 摩卡茶色
第72页作品26与企鹅爸爸妈妈相同

尾鳍 1块 摩卡茶色
第73页作品26与企鹅爸爸妈妈相同

腿 2块 黑色
第73页作品26与企鹅爸爸妈妈相同

嘴巴 1块 黑色
第72页作品26与企鹅爸爸妈妈相同
（钩织至第5行）

翅膀左右 各1块 摩卡茶色
第73页作品26与企鹅爸爸妈妈相同
（除第7、12行）

行数	针数	加减针数
10	11	无加减针
9	11	每行减1针
8	12	
7	13	无加减针
6	13	减1针
5	12	无加减针
4	12	加2针
3	10	无加减针
2	10	加2针
1	8	圆环中钩织8针

成品图

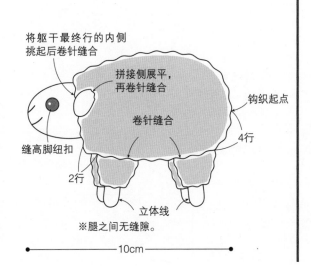

将躯干最终行的内侧挑起后卷针缝合
拼接侧展平，再卷针缝合
卷针缝合
钩织起点
4行
缝高脚纽扣
2行
立体线
※腿之间无缝隙。
—10cm—

成品图

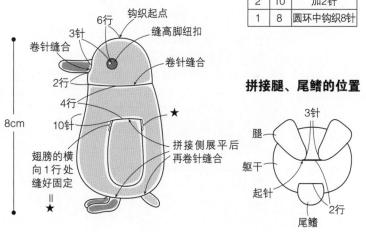

6行
钩织起点
3针
缝高脚纽扣
卷针缝合
卷针缝合
2行
4行
8cm
10针
翅膀的横向1行处缝好固定
拼接侧展平后再卷针缝合
★ =
★

拼接腿、尾鳍的位置

3针
腿
躯干
起针
2行
尾鳍

第22页 作品26、27
企鹅（王企鹅、巴布亚企鹅）

钩织用线

HAMANAKA马海毛

作品**26** 灰色（63）5g，白色（1）、深灰色（74）

各2g，黄色（30）1g，玫瑰粉色（62）少许

作品 **27** 黑色（25）10g，白色（1）5g，玫瑰粉色

（62）、浅粉色（72）各少许

用具

HAMANAKA AmiAmi两用钩针RakuRaku 4/0号

附属品

通用

HAMANAKA填充棉（H405-001）8g

HAMANAKA高脚纽扣（H220-606-1，6mm）2颗

作品27

毛毡（白色）2cm×1cm

制作方法

用1股线钩织。

钩织各部分，除指定的部分以外均需塞入填充棉。接着拼接头部与躯干，再拼接翅膀、腿、尾鳍，最后拼接眼睛。

作品26 头部 1块 ⊠= 深灰色 ⊠= 黄色   **作品27 头部** 1块 ⊠= 白色 ⊠= 黑色

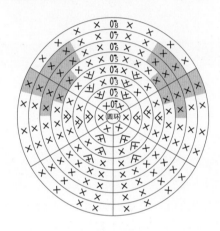
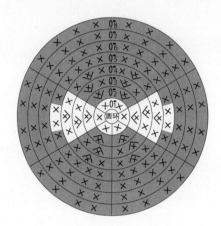

行数	针数	加减针数
8 ≀ 5	24	无加减针
4	24	
3	18	加6针
2	12	
1	6	圆环中钩织6针

通用 躯干 1块   作品26 ⊠= 白色 ⊠= 灰色 ⊠= 黄色
作品27 ⊠= 白色 ⊠= 黑色 ⊠= 白色

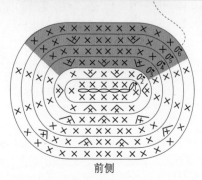

前侧

行数	针数	加减针数
20	24	减2针
19	26	无加减针
18	26	每行减2针
17	28	
16	30	减4针
15 ≀ 12	34	无加减针
11	34	加2针
10	32	无加减针
9	32	加2针
8 ≀ 6	30	无加减针
5	30	加6针
4	24	无加减针
3	24	每行加6针
2	18	
1	12	从5针锁针中钩织12针

通用 嘴巴 1块 玫瑰粉色

※无需塞入填充棉。

行数	针数	加减针数
6 ≀ 2	4	无加减针
1	4	圆环中钩织4针

通用 翅膀 右 2块

作品26 ⊠=白色 ▨=灰色
作品27 ⊠=白色 ▨=黑色

通用 翅膀 左 2块

作品26 ⊠=白色 ▨=灰色
作品27 ⊠=白色 ▨=黑色

前侧

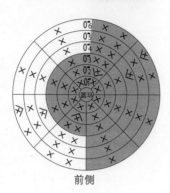

前侧

※无需塞入填充棉。

行数	针数	加减针数
12	11	无加减针
11		
10	11	每行减1针
9	12	
8	13	无加减针
7		
6	13	加1针
5	12	无加减针
4	12	加2针
3	10	无加减针
2	10	加2针
1	8	圆环中钩织8针

通用 尾鳍 1块

作品26 灰色 作品27 黑色

※无需塞入填充棉。

行数	针数	加减针数
3	8	加2针
2	6	无加减针
1	6	圆环中钩织6针

通用 腿部 2块

作品26 深灰色 作品27 浅粉色

※无需塞入填充棉。

$\bigwedge$ =条针（中长针2针并1针）

行数	针数	加减针数
5	4	无加减针
4	4	每行减2针
3	6	
2	8	无加减针
1	8	从3针锁针中钩织8针

作品27 眼睛的制作方法

毛毡 白色
2块

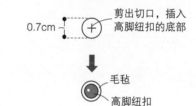

0.7cm

剪出切口，插入
高脚纽扣的底部

毛毡
高脚纽扣

作品26 成品图

通用
拼接腿部、尾鳍的位置

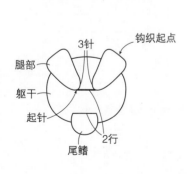

腿部
躯干
起针
尾鳍

3针
钩织起点
2行

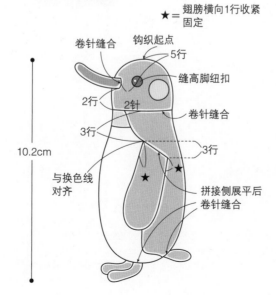

★ = 翅膀横向1行收紧
固定

卷针缝合
钩织起点
5行
缝高脚纽扣
2行
2针
卷针缝合
3行
3行
与换色线
对齐
拼接侧展平后
卷针缝合

10.2cm

27 成品图

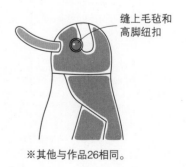

缝上毛毡和
高脚纽扣

※其他与作品26相同。

胡麻斑海豹

钩织用线

HAMANAKA马海毛

作品**29** 深灰色（74）15g

作品**30** 白色（1）10g

用具

HAMANAKA AmiAmi两用钩针RakuRaku 4/0号

附属品

通用

HAMANAKA填充棉（H405-001）作品**29**= 14g

作品**30**= 7g

HAMANAKA高脚纽扣（H220-606-1，6mm）2颗

25号刺绣线（黑色）

制作方法

用1股线钩织。

钩织各部分，除指定的部分以外均需塞入填充棉。头部、躯干收紧固定。接着拼接嘴角、尾鳍、胸鳍，最后拼接眼睛，在嘴角进行刺绣。

作品**30** 头部、躯干 1块 白色

线从8个针脚中穿过，收紧固定

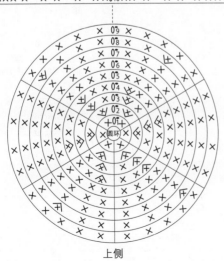

上侧

行数	针数	加减针数
37	8	减4针
36	12	减2针
35	14	减4针
34	18	减2针
33	20	无加减针
32	20	减2针
31	22	无加减针
30	22	减4针
29	26	无加减针
28	26	减4针
27	30	减2针
26	32	无加减针
25	32	每行减2针
24	34	
23〜20	36	无加减针
19	36	加2针
18	34	无加减针
17		
16	34	加2针
15	32	无加减针
14	32	加4针
13	28	无加减针
12	28	加2针
11	26	减2针
10	28	无加减针
9		
8	28	加4针
7〜5	24	无加减针
4	24	
3	18	每行加6针
2	12	
1	6	在圆环中钩织6针

塞入填充棉

作品**30** 胸鳍 2块 白色

※ 无需塞入填充棉。

行数	针数	加减针数
5	10	无加减针
4	10	每行加2针
3	8	
2	6	无加减针
1	6	在圆环中钩织6针

作品**30** 尾鳍 2块 白色

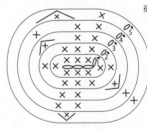

※ 无需塞入填充棉。

行数	针数	加减针数
5	4	减2针
4	6	无加减针
3	6	减2针
2	8	无加减针
1	8	从3针锁针中钩织8针

作品**30** 嘴角 白色

行数	针数	加减针数
2	10	加2针
1	8	从3针锁针中钩织8针

作品29 头部、躯干 1块 深灰色

线从8个针脚中穿过，收紧固定

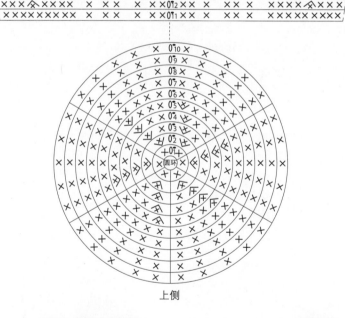

上侧

行数	针数	加减针数
45	8	减4针
44	12	减2针
43	14	减4针
42	18	减2针
41	20	无加减针
40	20	减2针
39	22	无加减针
38	22	减4针
37	26	无加减针
36	26	减4针
35	30	无加减针
34	30	减4针
33 32	34	无加减针
31	34	减2针
30 29	36	无加减针
28	36	减2针
27 ～ 24	38	无加减针
23	38	加2针
22 21	36	无加减针
20	36	加2针
19 18	34	无加减针
17	34	加2针
16	32	无加减针
15	32	加4针
14	28	无加减针
13	28	加2针、减2针
12	28	减2针
11 ～ 6	30	无加减针
5	30	每行加6针
4	24	
3	18	
2	12	
1	6	圆环中钩织6针

塞入填充棉（← 行44）

作品29 嘴角 1块 深灰色

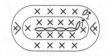

行数	针数	加减针数
2	12	加2针
1	10	从4针锁针中钩织10针

通用 拼接嘴角·眼睛的位置

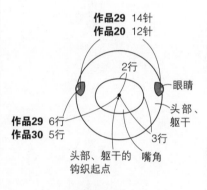

作品29 14针 / 作品20 12针
2行
眼睛
头部、躯干
3行
作品29 6行 / 作品30 5行
头部、躯干的钩织起点
嘴角
嘴角的钩织起点

通用 拼接尾鳍的位置

头部、躯干
尾鳍
最终行
钩织终点

通用 嘴角的刺绣

1行 2针 1行
起针
作品29 1行 / 作品30 2行
人字形针迹的应用
刺绣线（黑色 3/6股线）

※刺绣方法参照第31页。

成品图

※作品29的胸鳍、尾鳍见第78页。

卷针缝合
缝高脚纽扣
拼接侧展平后卷针缝合
头部、躯干的钩织起点
作品29 6行 / 作品30 4行
作品29 3针 / 作品30 2针
作品29 16行 / 作品30 13行
作品29 14针 / 作品30 10针
29 17cm
30 14cm

小猴子

钩织用线
HAMANAKA Piccolo
作品31 茶色（21）2g，浅橙色（3）1g
作品32 茶色（21）10g，浅橙色（3）5g
用具
HAMANAKAAmiAmi两用钩织RakuRaku 4/0号
附属品
通用
HAMANAKA 填充棉（H405-001）作品31=2g
作品32=6g
25号刺绣线（黑色）

作品31
HAMANAKA固眼（H221-303-1，3mm）2颗
作品32
HAMANAKA高脚纽扣（H220-606-1，6mm）2颗
制作方法
用1股线钩织。
钩织各部分，除指定的部分以外均需塞入填充棉。作品31的头部、作品32的头部与躯干收紧固定。作品31需拼接嘴角，再钩织耳朵。作品32需拼接嘴角、耳朵。接着拼接头部与躯干，最后拼接眼睛，进行脸部的刺绣。

作品31 头部 1块 ☒= 茶色 ☒= 浅橙色

线从8个针脚中穿过，收紧固定

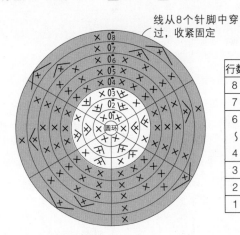

行数	针数	加减针数	
8	8	减4针	
7	12	减6针	
6 ～ 4	18	无加减针	塞入填充棉
3	18	每行加6针	
2	12		
1	6	圆环中钩织6针	

作品31 四肢 4块

☒= 茶色 ☒= 浅橙色

※无需塞入填充棉。

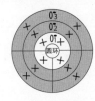

行数	针数	加减针数
3	4	无加减针
2		
1	4	圆环中钩织4针

作品31 嘴角 1块

浅橙色

行数	针数	加减针数
2	10	加4针
1	6	从2针锁针中钩织6针

作品31 躯干 1块 ☒= 茶色 ☒= 浅橙色

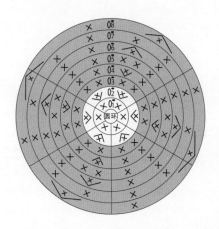

行数	针数	加减针数
8	8	减4针
7	12	无加减针
6	12	减4针
5	16	无加减针
4	16	加4针
3	12	无加减针
2	12	加6针
1	6	圆环中钩织6针

作品32 前腿 2块
作品32 后腿 2块

☒= 茶色 ☒= 浅橙色

※ 前腿部分仅需跳过第5行再钩织即可（共9行）。

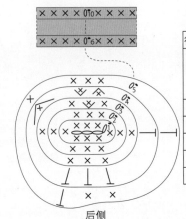

后侧

行数	针数	加减针数	
10 ～ 6	8	无加减针	
5	8	无加减针	无需钩织前腿
4	8	加1针、减2针	
3	9	加1针	
2	8	无加减针	
1	8	从3针锁针中钩织8针	

作品32 头部 1块 　　⊠= 茶色　⊠= 浅橙色

线从6个针脚中穿过，收紧固定

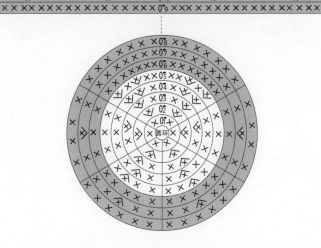

行数	针数	加减针数	
15	6		
14	12	每行减6针	←塞入填充棉
13	18		
12	24		
11	30	无加减针	
10	30	减4针	
9	34	无加减针	
8			
7	34	加4针	
6	30	无加减针	
5	30		
4	24	每行加6针	
3	18		
2	12		
1	6	圆环中钩织6针	

作品32 躯干 1块 　　⊠= 茶色　⊠= 浅橙色

线从7个针脚中穿过，收紧固定

行数	针数	加减针数	
21	7	减7针	←塞入填充棉
20	14	减4针	
19	18	每行减2针	
18	20		
17	22	每行减4针	
16	26		
15 ～ 6	30	无加减针	
5	30		
4	24	每行加6针	
3	18		
2	12		
1	6	圆环中钩织6针	

作品32 耳朵 2块

浅橙色

行数	针数	加减针数
2	8	加2针
1	6	圆环中钩织6针

作品32 嘴角 1块

浅橙色

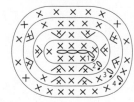

行数	针数	加减针数
4	20	无加减针
3	20	每行加6针
2	14	
1	8	从3针锁针中钩织8针

作品31 耳朵 2块

浅橙色

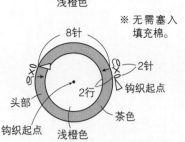

※无需塞入填充棉。

8针
2针
头部
钩织起点
浅橙色
2行
钩织起点
茶色

※钩织终点的线穿入缝纫针中，处理好线头。

作品31 拼接眼睛的位置

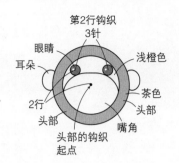

第2行钩织
3针
眼睛
浅橙色
耳朵
茶色
2行
头部
嘴角
头部的钩织起点

作品32 拼接耳朵、眼睛的位置

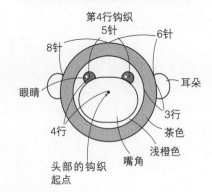

第4行钩织
5针
6针
8针
眼睛
耳朵
4行
3行
茶色
浅橙色
嘴角
头部的钩织起点

作品31 嘴角的刺绣

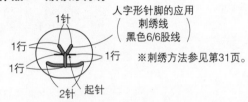

1针
1行
1行
1行
1行
2针 起针

人字形针脚的应用
刺绣线
（黑色6/6股线）

※刺绣方法参见第31页。

作品32 嘴角的刺绣

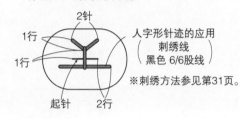

2针
1行
1行
起针
2行

人字形针迹的应用
刺绣线
（黑色 6/6股线）

※刺绣方法参见第31页。

作品31 成品图

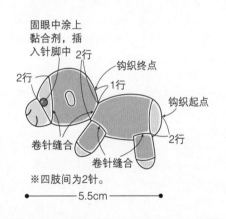

固眼中涂上黏合剂，插入针脚中
2行
2行
钩织终点
1行
钩织起点
卷针缝合
卷针缝合
2行

※四肢间为2针。

●———5.5cm———●

作品32 成品图

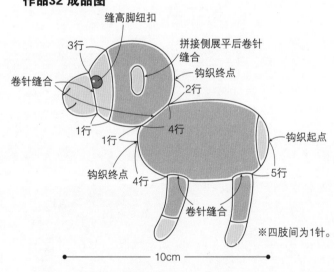

缝高脚纽扣
3行
拼接侧展平后卷针缝合
卷针缝合
钩织终点
2行
1行
4行
钩织起点
钩织终点
4行
卷针缝合
5行

※四肢间为1针。

●———10cm———●

＊ 上接第74页的作品29。

作品29 尾鳍 2块 深灰色

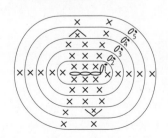

※无需塞入填充棉。

行数	针数	加减针数
5	6	无加减针
4	6	减2针
3	8	无加减针
2		
1	8	从3针锁针中钩织8针

作品29 胸鳍 2块 深灰色

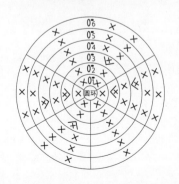

※无需塞入填充棉。

行数	针数	加减针数
6	12	无加减针
5		
4	12	
3	10	每行加2针
2	8	
1	6	圆环中钩织6针

第28页 作品 **34**
大象

钩织用线

HAMANAKA Piccolo

灰色（34）45g，象牙白（2）1g

用具

HAMANAKA AmiAmi两用钩针RakuRaku 4/0号

附属品

HAMANAKA填充棉（H405-001）44g

HAMANAKA高脚纽扣（H220-608-1，8mm）2颗

25号刺绣线（黑色）

制作方法

用1股线钩织。

钩织各部分，除指定的部分以外均需塞入填充棉。头部与躯干收紧固定，再将头部与躯干拼接好。接着拼接鼻子、耳朵、象牙、四肢，然后钩织尾巴。最后拼接眼睛，进行脸部的刺绣。

头部 1块 灰色

线从6个针脚中穿过，收紧固定

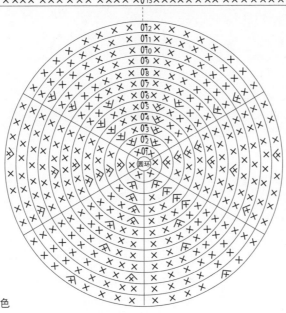

行数	针数	加减针数
25	6	每行减6针
24	12	
23	18	
22	24	
21	30	
20	36	
19	42	无加减针
18	42	减4针
17	46	无加减针
16	46	减4针
15	50	无加减针
14	50	
13		
12	50	加4针
11	46	无加减针
10	46	加4针
9	42	无加减针
8	42	加6针
7	36	无加减针
6	36	每行加6针
5	30	
4	24	
3	18	
2	12	
1	6	圆环中钩织6针

象牙 2块 白色

※ 无需塞入填充棉。

行数	针数	加减针数
8	5	无加减针
7	5	加1针
6	4	无加减针
5	4	加1针、减1针
4	4	加1针、减1针
3	4	无加减针
2		
1	4	圆环中钩织4针

躯干 1块 灰色

线从6个针脚中，收紧固定

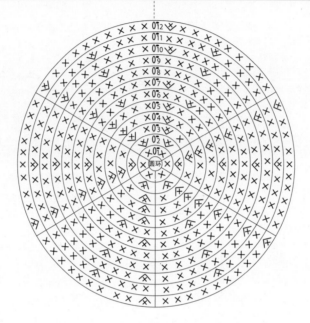

四肢 4块 灰色 ⋎ = 条针

前侧

行数	针数	加减针数
18	19	无加减针
17	19	
16	19	加2针
15	17	无加减针
14	17	加2针
13	15	无加减针
12	15	
11	15	加2针
10	13	无加减针
9	13	减2针
8	15	无加减针
7	15	
6	15	减3针
5	18	无加减针
4	18	每行加4针
3	14	
2	10	
1	6	圆环中钩织6针

行数	针数	加减针数
43	6	
42	12	
41	18	
40	24	
39	30	每行减6针
38	36	
37	42	
36	48	
35	54	
34	60	
33 ～ 13	66	无加减针
12	66	
11	60	
10	54	每行加6针
9	48	
8	42	无加减针
7	42	
6	36	
5	30	每行加6针
4	24	
3	18	
2	12	
1	6	圆环中钩织6针

塞入填充棉

尾巴 1块 灰色

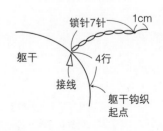

锁针7针 1cm

躯干

4行

接线

躯干钩织起点

耳朵 2块 灰色　　　※无需塞入填充棉。

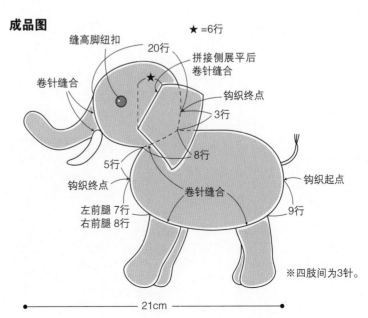

行数	针数	加减针数
12	25	无加减针
11	25	
10	25	每行减2针
9	27	
8	29	无加减针
7	29	减2针
6	31	无加减针
5	31	减2针
4	33	无加减针
3	33	减2针
2	35	无加减针
1	35	从17针锁针中钩织35针

鼻子 1块 灰色　　　$\underline{×}$ = 条针

行数	针数	加减针数
18	24	加2针
17	22	加2针、减2针
16	22	加4针
15	18	
14	14	加2针、减2针
13	14	无加减针
12	14	加2针、减2针
11		
10	14	加4针、减2针
9	12	加2针、减2针
8	12	
7 ～ 3	12	无加减针
2	12	加6针
1	6	圆环中钩织6针

拼接耳朵、眼睛的位置
俯视图

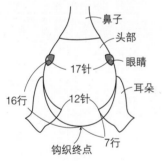

鼻子
头部
眼睛
17针
耳朵
16行
12针
钩织终点
7行

拼接象牙的位置
脸部刺绣
仰视图

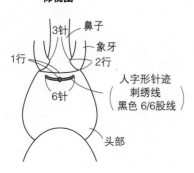

3针　鼻子
象牙
1行
2行
人字形针迹
刺绣线
（黑色 6/6股线）
6针
头部

成品图

★ =6行

缝高脚纽扣
20行
拼接侧展平后
卷针缝合
卷针缝合
钩织终点
3行
5行
8行
钩织终点
钩织起点
左前腿 7行
右前腿 8行
卷针缝合
9行
—— 21cm ——
※四肢间为3针

河马

钩织用线
HAMANAKA Piccolo
淡蓝色（12）25g
用具
HAMANAKA AmiAmi两用钩针RakuRaku 4/0号
附属品
HAMANAKA填充棉（H405-001）24g
HAMANAKA高脚纽扣（H220-608-1，8mm）2颗
25号刺绣线（黑色）

制作方法
用1股线钩织。
钩织各部分，除指定的部分以外均需塞入填充棉。头部、躯干收紧固定，再拼接嘴角、耳朵、四肢。钩织尾巴，最后拼接眼睛，并在嘴角进行刺绣。

头部、躯干 1块

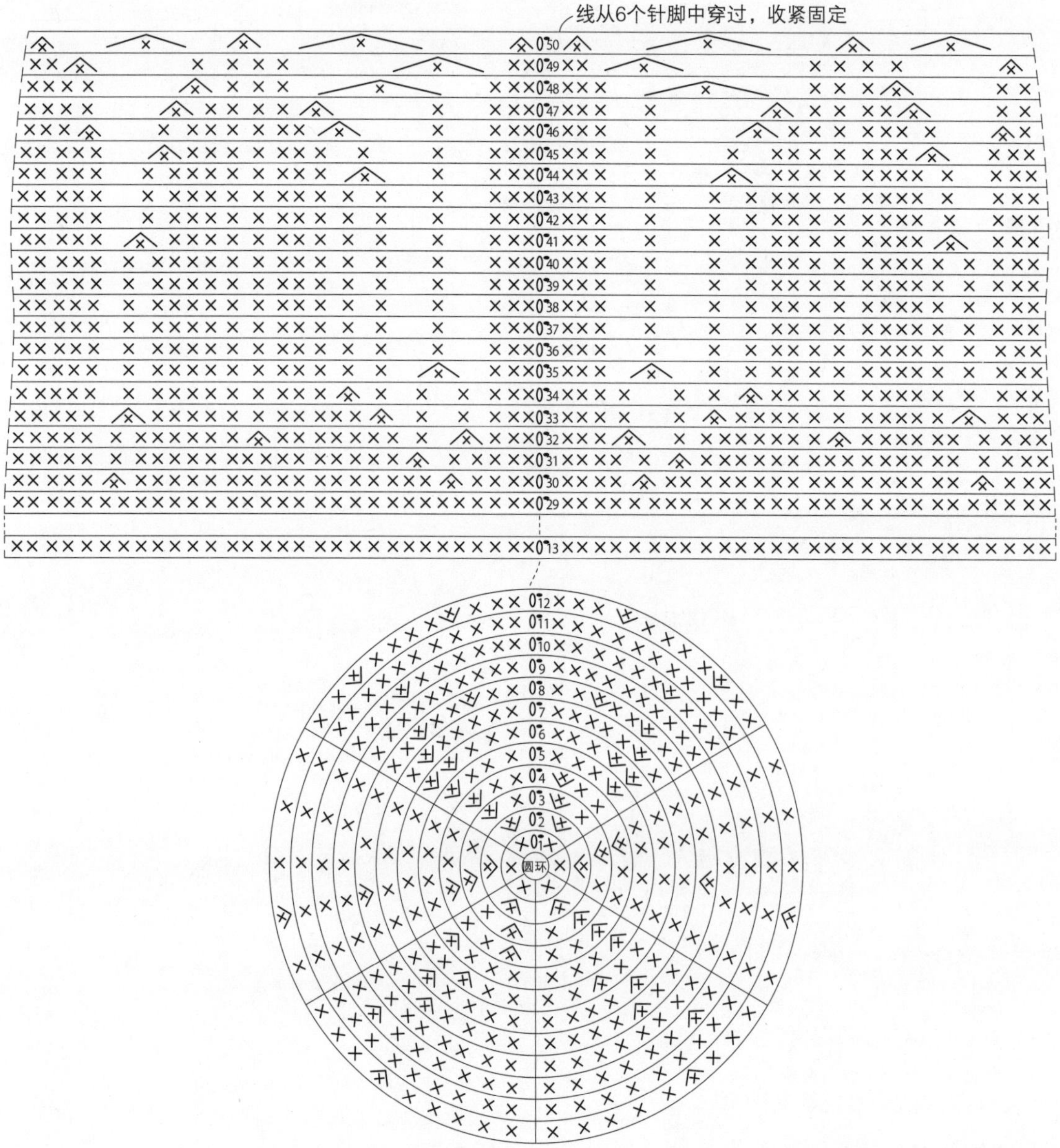

线从6个针脚中穿过，收紧固定

行数	针数	加减针数
50	9	减9针
49	18	每行减4针
48	22	
47	26	
46	30	
45	34	每行减2针
44	36	
43	38	无加减针
42		
41	38	减2针
40		
～	40	无加减针
36		
35	40	每行减2针
34	42	
33	44	每行减4针
32	48	
31	52	每行减2针
30	54	每行减4针
29		
～	58	无加减针
13		
12	58	加8针
11	50	无加减针
10	50	加4针
9	46	无加减针
8	46	加8针
7	38	加4针
6	34	加6针
5	28	加4针
4	24	每行加6针
3	18	
2	12	
1	6	圆环中钩织6针

（右侧标注：塞入填充棉）

嘴角 1块

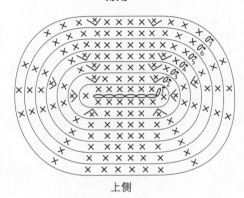

上侧

行数	针数	加减针数
7	28	加2针
6	26	无加减针
5		
4	26	加4针
3	22	加2针
2	20	加6针
1	14	从6针锁针中钩织14针

耳朵 2块

※无需塞入填充棉。

行数	针数	加减针数
3	6	无加减针
2		
1	6	圆环中钩织6针

尾巴 1块

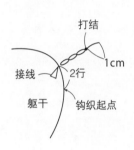

打结
1cm
接线
2行
躯干
钩织起点

四肢 4块

$\underline{×}$ = 条针

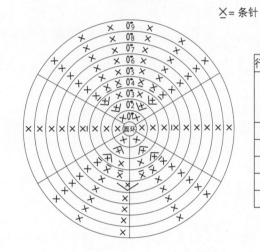

行数	针数	加减针数
9 ～ 6	13	无加减针
5	13	减1针
4	14	无加减针
3	14	每行加4针
2	10	
1	6	圆环中钩织6针

嘴角的刺绣

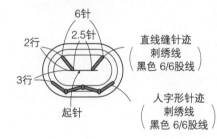

6针
2.5针
2行
3行
起针
直线缝针迹
（刺绣线
黑色 6/6股线）
人字形针迹
（刺绣线
黑色 6/6股线）

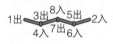

1出　3出　8入　5出　2入
　4入　7出　6入

耳朵、眼睛的间隔

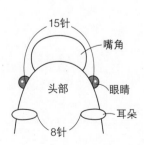

15针
嘴角
头部
眼睛
耳朵
8针

成品图

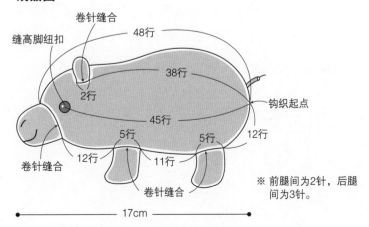

卷针缝合
缝高脚纽扣
48行
38行
2行
钩织起点
45行
5行
5行
12行
卷针缝合
12行
11行
卷针缝合
17cm

※ 前腿间为2针，后腿间为3针。

长颈鹿

钩织用线

HAMANAKA Piccolo

金黄色（25）25g，茶色（21）3g，米褐色（16）少许

用具

HAMANAKA AmiAmi两用钩针RakuRaku 4/0号

附属品

HAMANAKA填充棉（H405-001）25g

HAMANAKA高脚纽扣（H220-608-1，8mm）2颗

25号刺绣线（黑色）

制作方法

用1股线钩织。

钩织各部分，除指定的部分以外均塞入填充棉。头部与躯干收紧固定，再依次将躯干、头部拼接到颈部。然后继续拼接犄角、耳朵、四肢。钩织鬃毛，拼接到头部和颈部。接着钩织尾巴，最后拼接眼睛，进行脸部的刺绣。

头部 1块 金黄色

线从6个针脚中穿过，收紧固定

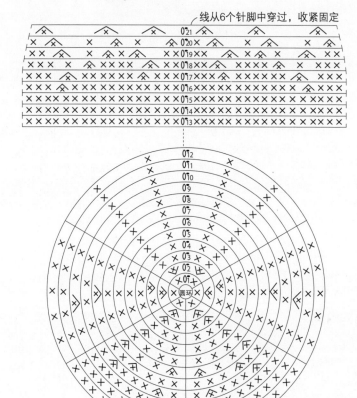

行数	针数	加减针数
21	6	
20	12	每行减6针
19	18	
18	24	每行减4针
17	28	
16	32	减2针
15 ～ 13	34	无加减针
12	34	加2针
11	32	无加减针
10	32	加2针
9	30	
8	26	每行加4针
7	22	
6	18	无加减针
5	18	加2针
4	16	无加减针
3	16	加4针
2	12	加6针
1	6	圆环中钩织6针

（塞入填充棉）

犄角 2块 米褐色

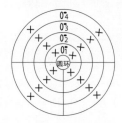

※无需塞入填充棉。

行数	针数	加减针数
4 ～ 2	4	无加减针
1	4	圆环中钩织4针

耳朵 2块 金黄色

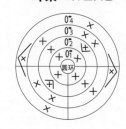

※无需塞入填充棉。

行数	针数	加减针数
4	4	减2针
3	6	无加减针
2	6	加2针
1	4	圆环中钩织4针

拼接耳朵、犄角、眼睛的位置

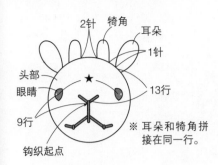

- 2针 → 犄角
- 犄角
- 耳朵
- 1针
- 头部
- 眼睛
- 13行
- 9行
- 钩织起点
- ※耳朵和犄角拼接在同一行。

★=第9行钩织12针

脸部的刺绣

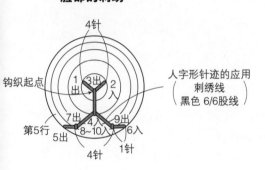

- 4针
- 钩织起点
- 1出 3出 2入
- 7出 4入 9出
- 第5行 5出 8~10入 6入
- 4针 1针

人字形针迹的应用（刺绣线 黑色 6/6股线）

颈部 1块 ⊠= 金黄色 ☒= 茶色

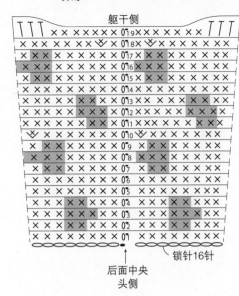

躯干侧

后面中央
头侧

锁针16针

※ 钩织起点、钩织终点留出30cm左右的线头，卷针缝合时使用。

行数	针数	加减针数
19	20	无加减针
18	20	加2针
17 ⌇ 11	18	无加减针
10	18	加2针
9 ⌇ 2	16	无加减针
1	16	从16针锁针中挑16针

鬃毛 1块 茶色   ◁= 钩织起点 ◀= 钩织终点

锁针30针

折叠线

头部   颈部

※沿折叠线折叠，短针下面的锁针缝到头部与颈部，收紧。

躯干 1块 ⊠= 金黄色 ☒= 茶色

线从6个针脚中穿过，收紧固定

圆环

塞入填充棉

行数	针数	加减针数
30	6	
29	12	
28	18	每行减6针
27	24	
26	30	
25	36	
24 23	42	无加减针
22	42	减6针
21 ⌇ 12	48	无加减针
11	48	加6针
10 9	42	无加减针
8	42	加6针
7	36	无加减针
6	36	
5	30	
4	24	每行加6针
3	18	
2	12	
1	6	圆环中钩织6针

四肢 4块

⊠ = 金黄色　⊠ = 茶色　　✕ = 条针

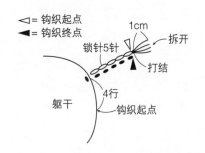

前侧

行数	针数	加减针数
26	16	每行加2针
25	14	
24	12	每行加1针
23	11	
22	10	无加减针
21	10	每行加1针
20	9	
19 ~ 5	8	无加减针
4	8	加1针、减1针
3	8	无加减针
2	8	加2针
1	6	圆环中钩织6针

尾巴 1块 金黄色

◁ = 钩织起点　◀ = 钩织终点

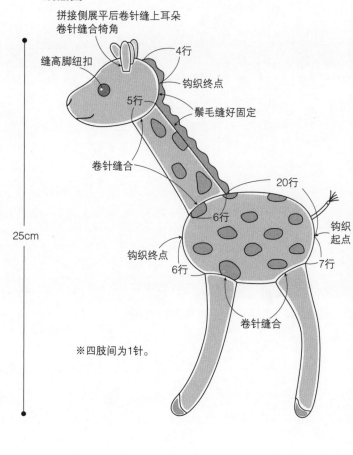

成品图

拼接侧展平后卷针缝上耳朵
卷针缝合犄角

缝高脚纽扣

4行

钩织终点

5行

鬃毛缝好固定

卷针缝合

20行

6行

钩织终点

钩织起点

6行

7行

卷针缝合

25cm

※四肢间为1针。

基础技法

起针

○ 锁针起针

1 从外侧插入针，按照箭头所示转动1次针。

2 线在针上缠好。用左手压住缠好的线，再挂线，引拔抽出。

3 挂线，引拔抽出。

4 按照同样的方法重复钩织。

针法记号与钩织方法

● 引拔针

1 按照箭头所示插入钩针。

2 一次性引拔钩织。

✕ 短针

1 立起的1针锁针　按照箭头所示插入钩针。

2

3

4

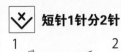 **短针1针分2针**

1　钩织1针短针。

2　再在同一针脚中钩织1针短针。

3

短针1针分3针

1　钩织1针短针。

2　再在同一针脚中钩织2针短针。

3

 短针2针并1针

1　钩织2针未完成的短针。

2　一次性引拔钩织。

3

为钩织未完成的3针短针，一次性引拔抽出。

条针（短针）

1　将钩针插入上一行锁针外侧的1根线中。

2　钩织短针。

※ 不用翻转织片，始终沿同一方向钩织。

中长针、长针、长长针也按同样的方法插入钩针。

中长针

1　立起的2针锁针　基底的针脚

2

3

4

长针

1　立起的3针锁针　基底的针脚

2

3

4

5

长长针

1　挂2次线　个立起的4针锁针　基底的针脚

2

3

4

卷针

织片（正面）　（正面）

正面朝外，缝合。拉紧线藏好针脚。从上往下或从下往上穿针都可以，选用自己熟悉的方法缝合即可。

换线的方法 钩织条纹时

新线

在行间钩织终点处第2次抽出短针的线时换上新线。

25号刺绣线的使用方法

25号刺绣线是由6根细线捻合而成。将它剪成30cm左右，一根根抽出细线，将所有要用到的线拉直，对齐。

刺绣
直线缝针迹

1　2入　1出

2　2入　4入　1出　3出

人字形针迹

1　1出　2入

2　3　4入

法式结粒绣针迹

缠1~3圈

缎纹刺绣针迹

1　2　3

TITLE:［動物たちのちいさなあみぐるみ］

BY:［ささき いずみ］

Copyright © BOUTIQUE-SHA, INC. 2010

Original Japanese language edition published by BOUTIQUE-SHA

All rights reserved. No part of this book may be reproduced in any form without the written permission of the publisher.

Chinese translation rights arranged with BOUTIQUE-SHA., Tokyo through NIPPON SHUPPAN HANBAI INC.

图书在版编目（CIP）数据

钩出超可爱的迷你小动物 /（日）佐佐木泉著；何凝一译 . -- 石家庄：河北科学技术出版社，2014.9（2018.4重印）

ISBN 978-7-5375-7166-1

Ⅰ.①钩… Ⅱ.①佐… ②何… Ⅲ.①手工艺品 – 钩针 – 编织 – 图集 Ⅳ.① TS935.521-64

中国版本图书馆 CIP 数据核字 (2014) 第 171815 号

钩出超可爱的迷你小动物

［日］佐佐木泉　著　　何凝一　译

策划制作：北京书锦缘咨询有限公司（www.booklink.com.cn）	
总 策 划：陈 庆	
策　　划：李 伟	
责任编辑：杜小莉	
设计制作：李静静	

出版发行	河北科学技术出版社
地　　址	石家庄市友谊北大街 330 号（邮编：050061）
印　　刷	天津市蓟县宏图印务有限公司
经　　销	全国新华书店
成品尺寸	210mm×260mm
印　　张	5.5
字　　数	65 千字
版　　次	2014 年 11 月第 1 版 2018 年 4 月第 3 次印刷
定　　价	32.00 元